U0510958

集人文社科之思　刊专业学术之声

刊　　名：中国海洋社会学研究

主办单位：中国社会学会海洋社会学专业委员会

承办单位：中国海洋大学社会学研究所

主　编：崔　凤

Vol.6 Chinese Ocean Sociology Studies

第6期

集刊序列号：PIJ-2013-070

中国集刊网：http://www.jikan.com.cn/

集刊投约稿平台：http://iedol.ssap.com.cn/

中国海洋大学一流大学建设专项经费
教育部人文社科重点研究基地中国海洋大学海洋发展研究院

资助

崔凤 主编

Chinese Ocean Sociology Studies Vol.6

中国海洋社会学研究

2018年卷 总第 6 期

社会科学文献出版社
SOCIAL SCIENCES ACADEMIC PRESS (CHINA)

卷首语

利用海洋所蕴藏的巨大潜在资源，是解决当前资源问题的主要出路之一，也是实现未来更大发展的战略新空间。然而，伴随我国海洋事业的迅速发展，过度、盲目、无序的海洋开发，以及对海洋资源的掠夺式占有，造成近海渔业资源枯竭、海洋环境污染、物种锐减等一系列生态环境问题，成为沿海地区经济社会可持续发展的瓶颈。为此，党的十八大把生态文明建设纳入中国特色社会主义事业"五位一体"总体布局，为我们从根本上解决当前面临的海洋资源过度消耗、生态环境形势严峻等问题指明了方向。鉴于此，"第八届中国海洋社会学论坛"将会议主题定为"海洋社会与生态文明建设"，在积极探索建设全球海洋中心城市的上海召开。本届论坛由中国社会学会海洋社会学专业委员会主办、上海海洋大学海洋文化研究中心承办。

论坛议题坚持探索海洋社会学领域的学科基本问题，同时充分结合中国海洋强国和海洋社会发展要求，关注海洋生态文明建设及海洋社会可持续发展的问题。中国海洋大学、上海海洋大学、上海社会科学院、上海文艺出版社、厦门海洋职业技术学院、三亚学院、宁波工程学院、广州大学等单位的专家学者与会交流，从多角度探讨海洋生态文明建设与海洋强国战略、海洋社会变迁、海洋社会建设、海洋管理创新等方面的关系。同时，论坛还吸引了韩国海洋社会学者的关注和参与，为我国海洋社会学的国际化发展奠定了基础。

"第八届中国海洋社会学论坛"共收到学术论文25篇，本卷《中国海洋社会学研究》从中遴选，共收录14篇，分为"海洋社会学基础理论""渔民群体与渔村社会""海洋生态与海洋环境""海洋民俗与海洋文化""专题：'海遗'传承与发展"五个单元。

在"海洋社会学基础理论"单元，学者们围绕中国海洋社会学的发展与本土化特征、海洋生态文明建设、海洋文化等海洋社会学学科的核心概念展开论述，指出如何理解海洋与社会之间的相互关系是海洋社会学研究的重要议题，强调海洋生态文明建设需要在海洋可持续发展的视野中形成整体、协调的观念。

中国海洋大学的刘敏博士从海洋社会事实的角度，对中国海洋社会学的建立与发展进行了梳理与反思。她认为中国社会转型对海洋社会事实的知识需求，催生了中国海洋社会学。中国海洋社会学关注的是沿海地区的海洋实践，探讨的是海洋社会的文化特性及族群互动。作为建构中的本土社会学分支学科，中国海洋社会学的特色及学科建设之道不在于介绍和借鉴西方相关学科的理论，而在于对海洋社会事实进行经验研究和理论阐释，达到对海洋与社会关系的整体理解。中国海洋大学的张一副教授与申娴娴同学从创新社会治理的视角探讨海洋生态文明建设的作用机制和理念建构。他们的文章指出，我国海洋生态文明建设已进入从被动保护转向主动治理的发展阶段，将海洋生态文明建设的发展演进同创新社会治理基本内涵相结合是推动海洋生态文明建设的必然逻辑。基于创新社会治理视域下的海洋生态文明建设需要在海洋可持续发展的视野中形成整体、协调的观念，采取更加尊重海洋的理性思维，将海洋民生作为发展的基本方向，形成建设过程中多元主体的良性互动，实现人海和谐共生。上海海洋大学的宁波副教授与刘彩婷同学以历史为经，以东西方文明发展为纬，编织出在人类文明发展史中海洋文化的重要坐标。他们认为海洋文化的本质是人类超越自我的实践，促进了人类早期的商业贸易活动，中国古代海上丝绸之路促进了全球化发展，而西方大航海时代则加速了全球化进程，"21 世纪海上丝绸之路"开启了人类文明新局面。过去，在数千年的人类文明发展史中，海洋文化或内在或外显地提供了举足轻重的动力和源泉；未来，海洋还将成为人类生活的重要空间，使人类文明真正进入蔚蓝色的海洋时代。

在"渔民群体与渔村社会"单元，学者们选取青岛近郊的崂山渔村，查阅大量历史文献和地方资料，以小见大，从个案窥全貌，探讨在城市化进程中传统渔村社会面临的挑战与发生的变化，试图为其找到一条既能融入城市化发展浪潮又能保持渔村传统文化与良好运作机制的发展路径，从而真正实现陆海统筹发展。

中国海洋大学马树华副教授以崂山为例，查阅大量历史资料，旁征博引，通过梳理胶东渔村的变化历程——1368～1898年半渔半农的崂山渔村，1898～1949年渐趋衰退的渔业生产，以及1950年以后出现新变革的渔村，论证了胶东渔村的发展与社会经济状况、当地生产制度、渔业资源变化及世界历史发展之间关系紧密。尤其在胶东半岛城市群渐已成形，沿海渔村被卷入更深层次的城市化进程中的今天，渔村所面临的复杂路径选择，不仅是建设社会主义新农村和美丽乡村的愿景问题，也是一个城乡关系实现陆海联动的问题。中国海洋大学的史子峰同学也从历史的角度出发，以青岛市的近郊渔村——黄山村半个世纪以来的社会变迁为例，探讨了港口城市与渔村社会发展之间的关系。他认为黄山村的经济发展与青岛城市的发展紧密相连。受青岛城市化进程的影响，近郊渔村传统的粮食作物种植与海洋运输结合的旧型渔农互补模式转变为现代的海蜇产业与茶叶种植相结合的新型渔农互补模式，其社会变迁是一个传统村落机制与城市化之间相互渗透、融合、互补的过程。如何融入城市化进程，又如何坚守村落传统，是现代近郊渔村面临的共同课题。

"海洋生态与海洋环境"是本届论坛的核心主题，因此本卷也将其列为独立单元。所收录论文引用中外海洋生态环境的案例，既有定量研究，也有定性分析，就如何感知海洋环境风险、如何提高社区居民的风险规避能力等进行了探讨。

中国海洋大学王书明教授和王涵琳同学以美国历史上危害程度最严重的卡特里娜飓风为例，分析面对海洋灾害、环境污染时社会抗争的城乡差异。他们认为乡村社区灾害风险暴露水平明显高于城市社区，但乡村社区居民的风险规避能力又明显低于城市社区居民；同时中国的环境抗争事实也表现出同样的特征。因此，加强乡村社会的抗灾能力建设是个世界性的挑战，同时，环境公正制度和能力建设还有很长的路要走。在全球化的进程中，尤其是近代之后在技术的推动下，环境风险已经成为人类生存发展面临的严重威胁，其中海洋环境风险的独特性要求人们对海洋环境风险具有更敏感的感知度。对此，中国海洋大学赵宗金副教授和郭仕炀同学运用定量研究的方法，在青岛市抽取5000份样本，调查分析沿海区域公众对海洋环境风险的感知。分析得出，海洋环境风险在公众的感知中整体上呈现关注度高、表现突出、危害性较大、难以控制而又难以预测的风险事件特征；从不同区域居民的个体特征及社会背景来看，客观社会经济地位要素与主观社会经济地位都不会产生显著性差异，但性别要素则对城市和农村公众的海洋风险感知有显著影响。而导致海洋风险出现的原因是复杂的，战争是其中之一。中国海洋大学董学荣同学、王书明教授与赵宗金副教授从资源及对生态环境影响的角度重新解读日本发动的太平洋战争。文章分析认为资源匮乏是日本发动战争的直接原因，因此在战争中对被侵略国家进行资源掠夺是最直接的后果，掠夺式的开发和占有，对当地的生态环境也造成了极大破坏。

"海洋民俗与海洋文化"单元虽然仅选取了两篇文章，但分别从现代与历史的角度对海洋民俗或进行实证研究，或进行历史概述，对海洋民俗文化的两类典型事象——渔村禁忌和海神信仰进行了研究，引导我们进一步思考传统与现代的关系。

中国海洋大学宋宁而副教授和杨玥同学以田横镇周戈庄村为例，选取海洋民俗中具有代表性的一类——禁忌，通过扎实的田野调查，清晰展现了在现代化进程中渔村禁忌的变迁。该论文解释了在高度现代化的今天，大部分渔村禁忌之所以仍能够得以存续，主要原因在于这些禁忌满足了特定层面的社会需求，比如产业化快速发展对节庆、海洋文化的客观需求，城市化进程的加速带来海鲜文化的普及；同时，渔村禁忌还承担着渔村社会的集体记忆，对于群体的自我认同有重要影响。这也从一个侧面论证了传统与现代之间的关系并不是非此即彼的。除了渔村禁忌，海神信仰也是海洋民俗文化的重要组成部分。上海社会科学院毕旭玲副研究员通过整理地方志、笔记小说、口头叙事及实物材料发现，上海地区在唐五代以前就形成了以柘湖女神信仰、霍光信仰、袁崧信仰和海龙王信仰为主的海神信仰文化。唐五代以前的上海海神信仰具有地方特色鲜明、人鬼型海神多、民众偏好将领型鬼神等特点。

最后的"专题"单元，将本集刊 2017 年卷的专题进一步深入，从对海洋非物质文化遗产（简称"海遗"）基本概念、分类、内涵、外延及海洋非物质文化遗产的概况研究（详见《中国海洋社会学研究》2017 年卷，第 175 ~ 249 页）跨入深入探讨当前新时代下"海遗"的保护与传承问题。在2017 年卷的专题中，中国海洋大学的崔凤教授及其团队尝试将"海遗"分为民俗类、民间文学类、传统艺术类及传统技艺类，本期专题涉及其中三大类，调研团队经过又一年的扎实调查，基于大量田野调查资料和团队的讨论碰撞凝练成文，探讨了不同类型"海遗"的保护、传承和发展路径。同时邀请鲁东大学的长岛渔号调研团队加入，共同完成本专题。

渔民号子属于传统艺术类海洋非物质文化遗产最主要的内容，因此本专题选取两篇文章，从不同角度探讨长岛渔号的保护与传承问题。在新时期，针对长岛渔号所面临的传承载体消失、传承人缺少、海洋实践发生变化等困境，鲁东大学的刘良忠教授运用 PEST 方法，对其原因进行了全面剖析，探讨了新时期长岛渔号保护、传承的价值、意义，赋予了其在新时代的精神内涵。同时，他提出了渔号保护、传承与发展的三种模式与五种路径，即文化生态保护区模式、体验休闲旅游区模式、"互联网＋"模式；协调路径、联动路径、市场路径、参与路径、创新路径。特别是提出了"游客变渔民""互联网＋渔号"等创新性思路，并设计、开发了面向旅游者、吸引年轻群体的 H5 微海报、微信小程序等。中国海洋大学的王宇萌同学从海洋实践的角度，对长岛渔号的现代变迁进行了阐释。随着渔业生产力和生产机械化的不断提高，海洋渔业生产生活方式发生了由大风船到机帆船的转变，长岛渔号在表现形式、传承方式、地域空间等方面也发生了转变。新时期长岛渔号的发展，应不断创新艺术表现形式，挖掘新内涵，为渔号赋予新的生命；准确把握长岛渔号从"船承"到视觉化的转变，利用音乐视觉化来发展渔号，以视觉化效应带动大众对听觉化渔号的关注和参与，不断拓展渔号的听众群体以扩大其民间影响力，努力在日常生活中挖掘其实用功能以完成对其生产功能的部分转变；充分利用长岛渔号从"田间地头"到舞台的转变，科学合理推进渔号的可持续发展。同时，还需协调好政府、民间和市场之间关系。海洋实践的变化，不仅对长岛渔号等艺术类"海遗"产生了重要影响，也深刻影响了其他形式"海遗"的传承与发展。中国海洋大学王新艳博士以田横祭海节为例，梳理了田横祭海节自产生至今在形式、名称上的变化，其变化的本质是田横祭海节从"信仰"到"资源"的转变。正确认识传统祭海节在现代社会发展中的"资源"属性，有利于结合海洋民俗的特性寻找传统海洋文化传承的出口，也可避免传承过程中断章取义地过度强调"原生态"的倾向，以免破坏传承保护的整体性。中国海洋大学徐霄健同学调查发现长岛木帆船制造技艺经历了从"技艺"到"记忆"的功能转变，在现代社会中，其发展面临着不适应现代产业以及现代人的消费需求的发展困境，而作为一种公共文化资源，长岛木帆船制造技艺如何在原有的价值基础上创造出现代产业的经济价值，是一个迫切需要解决的难题。最终，基于文化消费理论，他提出木帆船制造技艺未来传承与保护最主要的两个层面："船承"与"智造"。这两个层面能够激发木帆船制造技艺的象征性功能，使其能够最大限度体现出时代价值，这两个层面相辅相成，互为条件。

整体而言，本届中国海洋社会学论坛及本期《中国海洋社会学研究》（2018 年卷总第 6 期）呈现以下特征和发展趋势。

第一，理论研究与实证研究并举，学科意识及系统性增强。根据录用稿件内容，本期专设"海洋社会学基础理论"单元。在本单元中，学者明确将海洋社会学界定为本土化的社会学分支学科，并对其本土化特征进行了论述，连同海洋生态文明建设、海洋文化的论述，共同提高了学科的理论深度，也展现出海洋社会学强烈的学科意识。此外，专题单元紧紧承接本集刊第 5 期专题的内容，有继承但更多是突破和发展。扎实推进，将"海遗"研究有步骤、有规划、有层次地深入、系统展开。

第二，本土化特征明显，国际化趋势加强。中国海洋社会学的诞生与发展都是基于解决中国海洋社会发展中出现的实际问题，比如伴随中国社会的现代化发展而产生的海洋生态环境变化、渔民群体与渔村社会变迁、海洋文化发展等问题，而非起源于对西方学科理论和理念的介绍与论证，因此相较于社会学其他分支学科而言，本土化特征更加明显。同时，随着学科研究的不断深入，研究目光逐渐从中国扩展到世界其他海洋国家，本期集刊有部分论文开始关注日本、美国的海洋生态环境等问题；除此之外，研究成果也吸引了国际学者的关注，在海洋社会学论坛上就有韩国海洋社会学的学者前来交流学习，崔凤教授也应邀参加了韩国海洋社会学年会并做主题发言，将中国海洋社会学的研究成果介绍给国际同行。在本集刊付梓之际，中国海洋大学的海洋社会学研究团队还将筹建"东亚海洋社会学会"和"国际海洋社会学会"。经过踏实积累，中国海洋社会学正带着特色鲜明的本土化特色开始"走出去"。

第三，学科视角更加多元化，时代感逐渐增强。在本期集刊中，对海洋社会问题的关注不局限于以往对海洋社会群体、海洋社会组织、海洋文化的集中研究，海洋生态文明、海洋社会历史等成为新的关注点。健康的海洋是确保海洋事业科学发展的基础，是建设海洋强国的应有之义。2016

年和 2017 年世界海洋日的主题分别是"关注海洋健康、守护蔚蓝星球"和"我们的海洋，我们的未来"，可见保护海洋生态环境、营造人海和谐的社会氛围是这个时代的人类共识。中国海洋社会学的发展也应时代发展要求，关注海洋生态文明建设，关注传统海洋文化建设，为建设美丽中国提供学科智慧。

因此，在《中国海洋社会学研究》（2018 年卷总第 6 期）出版之际，我们更加有信心、有力量迎接新时代下中国海洋社会的变化与发展，当然也会面临更多尚未解决的和未知的难题与挑战。中国海洋社会学论坛也已成功举办 8 届，与本集刊共同构建出中国海洋社会学的平台，相信将会有更多有为的学者参与到平台建设与发展中来。我们自豪于今天取得的成绩，也清楚地知道所面临的问题。学无止境，研无国界，我们期待《中国海洋社会学研究》能凝聚更多国内外学者的力量，共同推动人类海洋社会的良性发展。

崔凤

2018 年 4 月 10 日

目 录 Contents

海洋社会学基础理论

渔民群体与渔村社会

海洋生态与海洋环境

海洋民俗与海洋文化

专题："海遗"传承与发展

海洋社会学基础理论

中国海洋社会学研究

2018 年卷　总第 6 期

第 3～14 页

© SSAP，2018

海洋社会事实与中国海洋社会学

刘　　敏[*]

摘　要：改革开放以来，海洋与社会关系的紧张孕育着对海洋社会事实的知识需求，中国海洋社会学应运而生。为解决学科范畴偏离与学科理论匮乏等制约学科发展的核心问题，近年来，中国海洋社会学在海洋社会事实呈现、海洋治理应用研究等方面取得较大进步，有利于海洋社会学的理论建构及学科意识培养。作为一门正在建构中的本土分支社会学学科，中国海洋社会学的学科建设之道不在于介绍与借鉴西方相关科学的理论，而在于对海洋社会事实进行经验研究和理论阐释，达到对海洋与社会关系的整体理解的目的，进而实现海洋社会学的知识增长和学科发展。

关键词：中国海洋社会学　海洋与社会　海洋社会事实　学科建设

一　社会转型与中国海洋社会学

作为一个有着悠久农耕历史与乡土文明的农业大国，中国的海洋文化、海洋生态环境保护与海洋发展等问题，一直似乎都是离我们很远的命题，关于海洋的人文社会科学研究也一直是一个脱离国家政治话语的边缘学科。然

---

* 刘敏，中国海洋大学法政学院讲师，博士后，研究方向为海洋社会学、环境社会学。

而，中国是地球上海岸线最长的国家之一。自地理大发现与工业革命以来，海洋不仅为沿岸渔村和渔民提供了赖以生存的食物来源，也为全球化的发展和现代社会的运作做出了经济、文化和社会等各个层面的贡献，人类逐渐迈入海洋时代。与此同时，鸦片战争后，在西方坚船利炮的裹挟之下，中国的海疆大门洞开、海洋开发程度日渐加深、蓝色发展空间不断拓展，传统中国的现代转型过程不断纳入大量海洋元素。

改革开放 40 年来，我们注意到，中国经济发展最快的地区基本上位于沿海地区。然而，在实现经济社会快速、稳定发展与人民生活水平稳步提高的同时，我们也注意到，沿海地区普遍面临过度捕捞与近海渔业资源退化、海洋污染与海岸生态环境破坏等问题，海洋与社会的关系逐渐恶化。因此，近年来，中央意识到了海洋蓝色发展空间的重要性，要求贯彻新的发展理念，并确立了通过推进制度建设和强化政府引导，来加快构建人海和谐关系的海洋发展新思路。党的十九大报告则进一步明确了坚持陆海统筹，加快建设海洋强国的要求。

现代中国孕育着对海洋社会事实的知识需求。无论是从历史经验来看，还是从当下迫切的海洋环境问题来看，超越乡土文化观念和呈现海洋社会事实都是相当重要的。我们需要运用一种更为历史的、多元的视野去看待海洋，而不是仅仅将其作为依附于陆地的客体化或对象化（objectification）存在。随着中国的海洋与社会的关系问题日渐引起国内外学界的广泛关注，人们越来越意识到解决海洋问题不仅需要海洋学、生态学等自然科学的强势介入，还需要法学、社会学等社会科学的积极干预，需要对海洋社会事实有一个充分的认知和理解。在这样的背景之下，海洋问题随之进入社会学的研究视野。

21 世纪以来，在社会学领域，以崔凤为代表的一批学者积极主动参与海洋社会学理论与方法论体系的知识生产，中国海洋社会学应运而生。正是基于渔民生计转型、渔业过度捕捞、渔村发展以及海洋生态环境治理等问题的经验分析与理论研究的不断积累，海洋社会学迅速在全国各地得到发展。① 作为对"社会事实"的关注，在学科的发展过程之中，海洋社会学

---

① 崔凤：《海洋与社会——海洋社会学初探》，黑龙江人民出版社，2007；崔凤等：《海洋社会学的建构——基本概念与体系框架》，社会科学文献出版社，2014；崔凤：《海洋发展与沿海社会变迁》，社会科学文献出版社，2015。

主要运用社会学的理论和方法研究海洋问题，去呈现海洋社会事实，从海洋与社会的关系中去理解和把握海洋问题的社会机制，并围绕海洋社会学的理论与方法论建构等展开深入交流。

在学科建设的过程之中，中国海洋社会学既关注海洋与社会之间具体的、局部的互动，如过度捕捞所带来的渔业资源退化与传统渔民生计困境；同时，更关注海洋与社会之间综合性、整体性的互动，进而在探索海洋与社会互动的社会机制基础之上，通过相应的制度设计来促进海洋与社会之间的良性互动。从这个意义上说，海洋社会学超越了传统农村社会学和环境社会学的研究领域，拓展了传统社会学的研究视野。已有的研究成果表明，中国海洋社会学的理论建构在基础概念的内涵阐释和学科建设的体系架构上取得了巨大成就，而其经验研究则在战略构想、海洋管理、环境治理、群体分化、渔民生活等方面展现了其特有的实践价值。①

近年来，因生态文明建设、绿色发展、海洋强国等国家战略的支撑，海洋社会学得到了蓬勃的发展。但应该承认，海洋社会学总体而言还是一门十分年轻、亟待发展的学科，目前还处于知识积累和学科建设阶段。这个学科对海洋政策制定的参与程度、对海洋生态治理与海洋社会发展所做出的贡献还十分有限，亟待在厘清其学科属性与特性的基础之上，重视海洋社会事实的经验研究和理论反思，促进海洋社会学学科发展与研究拓展，从而推动当代中国社会学的理论范式创新。

二 海洋社会的特性及其事实呈现

当前的社会学研究范式与学科分化大多从地域（territorialization）或"陆地"而来，如农村社会学、城市社会学等；或者是对以"陆地"为基础的社会关系结构进行分析，如教育社会学、环境社会学、女性社会学等；或者是以所谓"去地域化"（de-territorialization）为特征的网络空间（cyber-space）社会学研究等。基于一种陆地本位的视角，人们关于海洋的传统认

---

① 唐国建：《建构与脱嵌——中国海洋社会学 10 年发展评析》，《中国海洋大学学报》（社会科学版）2015 年第 4 期。

识多将海洋看作陆地的附属、边缘和终结。① "陆地"社会学假设社会关系结构的演变场域在"陆地"，而不在"海洋"。在经典社会学的研究视野中，诸多的二元对立关系，以及超越这些二元对立的学科范式被广泛运用，如时间－空间、个体－集体、农村－城市等，但对"陆地－海洋"的二元关系结构却缺乏相应的讨论和研究。"海洋"与"陆地"之间到底有什么区别和联系？相对于陆地社会，海洋社会又有什么样的独特属性？

　　草场、渔场作为典型的公地资源，同时也是陆地社会与海洋社会的问题重点及治理难点，治理不当会带来公地悲剧。在陆地社会，草原作为一种公地，公共的不是牲畜，也不是土地，而是生长在土地上的草。通常，草原上的战争不完全是为了争地、争牲畜，而是为了争肥沃的草场。举一个简单的例子，作为草原上一种常见的自然形态，沙漠通常被认为没有价值或者价值很低，因此，我们很难见到有为争夺沙漠而发生的部落战争。张五常谈道，牧民在草地上不植树而畜牧，并不是因为草地共有，而是因为牲畜可以在晚上赶回家，而种在草地上的树晚上不可以带回家。这样一来，如果种树，不被他人砍下烧火取暖才怪。② 游牧社会中的牧民通常视草原上的大树为神圣之物。例如，中国北方草原的蒙古族有"神树崇拜"的观念，非洲的班图人部落也有"大树下的政治"。这不仅因为草原上自然环境恶劣（如干旱少雨）不利于大树生长，同时，作为公共物品的代表，草原上的大树需得到正式或非正式制度的特殊保护，才能够得以继续存在。否则，作为共有草地上的活物，早如同在上面活动的其他活物（如黄羊、野兔等）被直接带回家了。

　　与草地类似，渔场作为一种"公地"，公共的不是所谓的"海洋国土"，也不是活动在上面的渔船，更不是满眼可见的海水。在这里，我们谈论的海洋公地，主要是指生活在其中的渔业资源。在传统的渔场争斗中，争的不完全是海洋疆土，更不是私人拥有的渔船，而是在海洋中游动的鱼。与荒漠草原类似，渔业资源很少的地方，如缺少大型鱼群的公海及渔业资源

①　杨国桢：《人海和谐：新海洋观与 21 世纪的社会发展》，《厦门大学学报》（哲学社会科学版）2005 年第 3 期。

②　当然，张五常在这里举这个例子是为了谈租金与资源竞争之间的关系，而不是为了指出公地资源的特性。参见张五常《经济解释（卷三）：制度的选择》，花千树出版有限公司，2002，第 115 页。

枯竭的中国近海，在渔民眼里，通常被认为是没有价值或者价值很低的。然而，渔场与同样作为公共资源的池塘虽有共通之处，但相比草场，渔场的管理更复杂。虽然草场存在管理上的诸多困难，但总体而言，草场资源的稀缺状况是可以被觉察的，而且也可以进行产权边界设定与明晰化建设。这意味着，草场的公共性特征能够得到管理和控制。由于流动性，渔业资源的管理就复杂多了。

渔业资源不仅流动，而且藏匿在海洋中，即使借助现代科学技术，也很难被直接观察。这使得近海渔业资源问题的公共性特征更加明显和不确定。用张五常的话来说，问题的关键在于，草场可以被私有化并有业主管理，而渔场没有业主，没有人收租。① 虽然渔民能够大概掌握渔场的位置与鱼群的游动，但即使是在现代科技条件之下，渔民对于鱼的数量和种类的把握还是不确定的。按照道格拉斯·诺思的理解，渔业资源的这种流动性和不确定性，可以理解为"源于人类互动过程中个人所拥有的有关他人行为的信息的不完全性"。② 为此，渔民能够做的，便是尽可能地多打鱼回家。因为渔民不能够确定在第二天，同样的鱼群还停留在同样的地方。此外，即使能够确认鱼群还停留在同样的地方，也不能够确定该鱼群会不会被路过的其他渔船捕捞了，而这就是海洋社会学研究的"社会事实"。

从迪尔凯姆开始，社会学研究强调对社会事实的呈现，并强调"用社会事实解释社会事实"。因此，海洋社会学研究需要准确理解以海洋知识为基础的"海洋社会事实"。然而，在陆地社会，有着固定的社区和居民，因此，他们会注意到环境问题的发生，使之问题化并及时采取应对措施。然而，在海洋社会，并不存在固定的社区和居民，因此没有一种可被视为"社会监察者"的群体来关注正在发生的环境问题。正是由于缺少对基本的海洋社会事实的呈现理解，在海洋问题研究及海洋环境治理的过程之中，我们只能依靠许多抽象的知识或信息，从而导致不知道如何动员社会关心海洋，这也导致在海洋领域的环境关心、环境抗争与环境政策等方面，与陆地社会的环境治理途径有很大不同。正是因为认识到了海洋社会与陆地

① 〔美〕道格拉斯·诺思：《制度、制度变迁与经济绩效》，杭行译，格致出版社、上海人民出版社，2014，第30页。

② 张五常：《公海渔业、私产替代、利益团体》，张五常新浪博客，2012年8月7日，http://blog.sina.com.cn/s/blog_47841af70102dyuv.html，最后访问时间：2017年3月24日。

社会的不同，摩尔（Arthur P. J. Mol）认为，未来十年内环境社会学的研究重点，将从森林退化、河流污染、空气污染、自然资源退化或开发等陆地社会问题，转向海洋渔业退化、海洋能源（石油、风能、潮汐能）及海洋矿藏开发等问题。他还认为，在海洋研究领域，不同的社会力量正在发生碰撞，并已经成为生态现代化理论和其他学者研究的焦点，并尝试着如何正确地解决海洋问题与可持续地利用海洋资源。①

当前，缺少对海洋社会事实的研究、呈现和理解，导致海洋学、生物学等自然科学方面的知识常常成为海洋社会学研究重要的参考文献部分。海洋学、生物学等自然科学方面的知识为我们提供了许多基本的海洋社会事实，因此，与组织社会学、分层研究等其他社会学分支学科相比，海洋社会学的交叉特性更加明显，这构成了海洋社会学的发展优势。但是，过度依赖由自然科学研究来提供基本的海洋社会事实，也在很大程度上制约了海洋社会的学科普及与知识增长。例如，目前海洋社会学研究主要在海洋科学知识相对积累较为深厚的涉海院校开展。海洋社会学不仅没能在绝大多数的非涉海院校中开展，同时也没有能够及时地与其他社会学分支学科开展学科对话和交流，从而制约了其可持续发展。为此，笔者认为，认识到"海洋社会事实"的研究对于海洋社会学理论体系建构和科学意识培育的重要性，并深刻认识到当前海洋社会学研究的不足，将有利于海洋社会学的进一步发展，为当代中国社会学的理论范式创新做出应有贡献。

三 海洋社会事实与海洋社会学的应用研究

就学科属性而言，海洋社会学是以海洋生态系统和渔村社会系统之间的复杂互动关系为核心研究对象的一门分支学科，它一方面关注海洋生态环境问题形成的社会机制，重视渔业资源退化与海洋生态破坏对沿海地区经济社会发展所带来的各种负面影响；另一方面则关注传统渔民转型和渔村变迁过程中的诸多社会问题，进而探讨渔业作为一种生计方式和生活形态所不同于乡土社会的地方，继而对以陆地为基础的中国社会学进行对话

---

① 〔荷〕阿瑟·摩尔、邢一新：《生态现代化：可持续发展之路的探索》，载陈阿江编《环境社会学是什么——中外学者访谈录》，中国社会科学出版社，2017，第 56 页。

和反思，促进当代中国社会学的理论创新和文化自觉。也正是因为主要关注这两方面的内容，相关学者不仅容易将相关海洋环境问题的社会学研究归纳到环境社会学的研究范畴，同时也容易将渔民、渔村问题归纳到农村社会学的研究范畴之中。与此同时，正是因为面临这样的学术争议或争鸣，我们必须正视海洋社会事实的研究和呈现。

汉尼根（John Hannigan）认为，未来环境问题和冲突将围绕海洋而不断增加。为此，他认为，对海洋问题的思考，不能将其留给地理学家和法律学者，社会学应该主动介入海洋退化、海洋资源开发、过度捕捞等问题，去认识海洋生物多样性破坏的社会成因和后果。[①] 崔凤也认为，海洋社会学应该有较为明确的学科意识，应该体现社会学的学科特性。为了避免被边缘化，其研究应该能够与主流社会学进行交流与对话，应该努力融入主流社会学，在主流社会学研究中形成具有海洋特色的领域，在此基础上形成自己的概念和观点。[②] 笔者认为，只有全面而系统地阐述基本海洋社会事实，只有深入地把握海洋与社会互动的社会机制，才能够更好地服务于海洋社会学的应用研究和理论建构，才能够更好地实现海洋社会学与其他社会学分支学科的对话。

海洋社会学的应用研究是发现、呈现与研究海洋社会事实的一个重要途径。作为海洋开发力度加大与人类海洋实践加深的时代产物，海洋社会学应用社会学理论、范畴、方法等对海洋社会进行分析、研究，是社会学在海洋领域应用研究的一项新探索。[③] 在崔凤看来，所谓海洋社会学的学科属性问题，主要是解决海洋社会学的学科归属问题以及在社会学学科体系中的位置问题。如果以理论社会学与应用社会学来划分社会学的话，海洋社会学则属于应用社会学，因为它将人类海洋开发行为确定为海洋社会学的研究对象，并围绕人类海洋开发行为开展大力的经验研究，进而探讨影响和制约人类海洋开发行为的社会因素以及人类海洋开发行为对社会变迁

① 〔加〕约翰·汉尼根、刘丹：《社会建构主义与环境》，载陈阿江编《环境社会学是什么——中外学者访谈录》，中国社会科学出版社，2017，第41页。
② 崔凤：《海洋社会学与主流社会学研究》，《中国海洋大学学报》（社会科学版）2010年第2期。
③ 庞玉珍、蔡勤禹：《关于海洋社会学理论建构几个问题的探讨》，《山东社会科学》2006年第10期；崔凤：《海洋社会学：社会学应用研究的一项新探索》，《自然辩证法研究》2006年第8期。

的影响。① 同春芬等也认为，海洋社会学作为应用社会学的一项新探索，是运用社会学理论与方法，研究海洋与社会的关系、人类海洋开发活动的行为以及由此产生的社会结构变化。他们将运用海洋社会学的分析框架来实证研究海洋渔民何以被边缘化，认为海洋渔民作为一个不同于农民和城市居民的特殊群体，由于受到社会变迁和社会政策等制度因素的影响，其在社会系统结构中所处的位置越来越趋于"边缘化"。②

以费孝通、郑杭生等学者为代表，中国的社会学研究一直有着经世济用与分析解决实际社会问题的优良传统，而海洋社会学也继承和发扬了这一传统。海洋社会学以解释海洋问题的社会机制、提供公共政策建议与促进海洋可持续发展的应用传统为特色，这些特色也是海洋社会学的立身之本。中国海洋社会学的"实用品格"在一定程度上虽然难以避免学科范畴的偏离和学科理论的匮乏无谓辩争，但作为一门正在建构中的本土学科，在日益变化的人海关系中获得海洋社会知识、把握海洋与社会互动的复杂社会机制，的确是学科发展的有效路径。事实上，缘于对海洋与社会关系问题的现实关怀，以及基于海洋社会事实的不断研究积累，中国海洋社会学自诞生后得到了较好发展和应用，并在近些年展现出理论建构与应用研究并重的发展新面貌。例如，近年来，崔凤及其团队在海洋社会学理论体系框架及基本概念界定上已经取得了一系列研究成果，在理论体系框架的理念上实现了从移植西方到本土创新，在基本概念的界定过程中表达了学科自信和理论自觉。③ 正是大量相关海洋社会事实的经验研究和理论反思，为今后中国海洋社会学的稳步发展打下了坚实的基础。

四　知识的增长与中国海洋社会学的学科建设

中国海洋社会学是中国转型时期海洋发展问题不断凸显的社会产物。由于西方海洋社会学的已有研究成果较为缺乏，以实地研究为基础和应用

---

① 崔凤：《再论海洋社会学的学科属性》，《中国海洋大学学报》（社会科学版）2011 年第 1 期。
② 同春芬、张曦兮、黄艺：《海洋渔民何以边缘化——海洋社会学的分析框架》，《社会学评论》2013 年第 3 期。
③ 崔凤、宋宁而：《海洋社会学英文译名辨析——以人类海洋开发活动变迁为视角的考察》，《社会学评论》2013 年第 3 期。

研究为导向的海洋社会学在发展初期，不可避免地面临学科范畴偏离与学科理论匮乏的局面。因此，有学者指出，海洋社会学需要加强学科意识和学术研究的社会学化，而学科理论建设需要学科共同体走出宏大叙事、走向田野、走向理论演绎，并建议海洋社会学重在研究海洋开发的社会机制、社会过程与社会后果，同时需要关注文化因素。①

从理顺海洋与陆地的关系来说，中国社会学研究视野和研究对象的内敛性，在一定程度上制约着当代中国海洋社会学的学科建设与理论范式创新。无论是从陆地社会学还是从海洋社会学的研究路径出发，研究者都必须直面两个基本议题：一是如何认识海洋社会与乡土社会之间的共通与差异；二是如何理解沿海地区在经济高速增长的同时，海洋生态危机与海洋发展问题日益加深这一社会事实。关于第二个议题，相关研究基本是在总结沿海地区经济社会快速发展的成功经验同时，不忘指出渔民生计与海洋生态等各方面存在的各种深层问题或矛盾，认为沿海地区经济社会发展与海洋生态问题是海洋社会的一体两面。然而关于第一个问题却发生了较大分歧，论者大多在海洋社会的特殊性与普遍性之间走上了极端，从而在一定程度上误读了海洋社会学，发展出一种海洋社会学"偏重于应用研究"的学科偏见。事实上，应用研究和理论建构是海洋社会学学科建设的一体两面，并在学科发展的过程之中呈现了与其他分支社会学所不同的、丰富的学科特性。

本土学科的形成与发展，首先应深耕于本土社会的实际问题，应深耕于海洋问题的社会机制解释，然后形成相关海洋社会的核心理念和关键概念，并通过相关核心理念和关键概念自觉地、创造性运用的过程，形成相应的学术共同体，进而在进一步的研究过程之中，将相关理念或概念进行深化和拓展，从而推进一个学科的可持续性发展。机制解释就是理论解释。② 随着海洋社会学应用研究的不断发展，海洋社会学对于海洋问题的社会机制的解释也越来越深入，从而在合理地理解和解释海洋社会问题的同时，不断地建构其学科的合法性，并逐步完成学科从应用研究向理论建构的创造性发展。在未来很长的一段时间之内，海洋社会学应强调而非消解

---

① 陈涛：《海洋社会学学科发展面临的挑战及其突破》，《中国海洋大学学报》（社会科学版）2012 年第 2 期。

② 彭玉生：《社会科学中的因果分析》，《社会学研究》2011 年第 3 期。

其应用属性，应加强与涉海政府部门的合作，努力探索相关研究成果对于以实现海洋与社会和谐共处为目标的政策制定与海洋管理的现实意义，[①] 从而在解释海洋问题的社会机制的基础之上，不断彰显海洋社会学的海洋特性。

如何理解海洋与社会之间的相互关系是海洋社会学研究的重要议题，并强调从社会学的角度理解海洋生态系统。因此，全面地理解整个海洋生态系统，对解决特定的海洋生态环境问题或海洋社会发展问题而言，是十分重要的。海洋社会学研究离不开以"海洋"这一具体的社会形态为研究对象，研究议题涉及渔业资源可持续利用、海洋保育等海洋科学问题，因此，海洋社会学研究对象包含太多相关海洋科学的要素或变量，它不仅需要将海洋学、生态学、渔业学等列为必修科目，而且在研究具体的海洋社会或环境问题的时候，还要充分借鉴海洋科学所取得的研究成果，如相关渔业资源退化的相关数据统计和分析等，从而把握仅凭参与观察和实地访谈难以感知的渔业资源退化与海洋污染等问题，了解相应的海洋环境和社会问题所带来的连锁效应，进而对海洋与社会关系形成有效的社会学研究。换言之，虽然海洋社会学最终是对海洋社会的理解，但海洋社会学对海洋社会的研究是建立在对海洋特性的理解基础之上的，需要较为丰富的海洋科学知识。比如，从社会学角度科学看待近海渔业资源问题，就需要对渔业知识及海洋渔业生态系统有基本的理解。

在重构乡土中国的海洋文化特性的同时，解释海洋问题背后的社会机制，以及诠释海洋与社会的关系问题无疑更具包容性和有效性。以中国近海的过度捕捞和渔业资源退化为例，人海关系的演变是一个历史的过程，过度捕捞问题不是突然出现的，它涉及传统渔民等相关海洋社会主体对海洋的认知和利用的变迁过程。这意味着要将近海渔业资源退化与中国的现代化联系起来，一方面，因为现代化建设带来了工业发展与渔业技术进步，传统渔民的捕捞能力在短时间内得到大幅度提升；另一方面，沿海地区的现代化建设也带来了城市化和工业化的快速发展，不合理的海洋开发带来了海水污染和海洋生态系统的破坏，过量的海鲜消费需求则带来了过度捕

---

① 当然，正如洪大用所提及的，我们要注意避免政策导向的社会学研究中的种种不良倾向，特别是要端正研究者的观念和态度，使政策研究和设计更加完善，不断提升政策研究水平。参见洪大用《环境社会学：事实、理论与价值》，《思想战线》2017 年第 1 期。

捞问题。因此，在面对过度捕捞等海洋社会学问题时，不能简单地将其局限于某个小渔村，也不能简单地局限于问题的描述分析之中，从而陷于自说自话的境地，而应将这些海洋环境问题和社会问题置于自身的历史文化传统中去分析，置于中国当下的社会转型中去谈，从而形成海洋社会学与主流社会学的对话和交流，① 进而摆脱海洋社会学研究被边缘化的尴尬地位。

五 结论与反思

整体而言，中国海洋社会学的当前研究仍停留在概念定义、范围界定、海洋文化梳理等研究范畴之上，能够以海洋社会为研究对象的实地研究还相对较少，能够提供给学界的海洋社会事实更是少之又少，这也使得近年来海洋社会学饱受知识界和政策研究者的质疑和批判。笔者认为，与其停留在学科名称的坚持与概念的辨析，倒不如去直面海洋与社会之间的复杂互动关系，去做踏实的实地研究和深入的理论探讨，去为国家的海洋强国战略留下真实的观察与真切的思考，从而将一种有别于陆地社会的海洋社会及海洋社会事实呈现给学界，并借此提供一种反思中国社会、理性看待世界的新颖研究视角，进而拓展内生于乡土社会的中国社会学的比较社会学想象力。

作为一门正在建构中的本土分支社会学学科，中国海洋社会学重申了中华文化多元一体的特性，海洋社会事实的呈现也有利于促使学界从方法论重新思考"乡土中国"这一文化概念，并在沿海地区的海洋实践基础之上，去重新审视海洋社会的文化特性及族群互动。整体而言，学科范畴的不确定与学科理论的匮乏是任何社会学分支学科在创建初期都会存在的普遍问题，而不是中国海洋社会学所面临的独特问题。总之，中国海洋社会学的学科特色彰显与理论体系建构是一个呈现并理解海洋社会事实的研究过程，它不仅不会贬低海洋社会学学科意识和学术研究的社会学化，相反，透过一个跨学科的整体性研究视角，海洋社会学有能力理解海洋与社会之

---

① 唐国建：《海洋渔村的"终结"——海洋开发资源再配置与渔村的变迁》，海洋出版社，2012。

间的互动问题或现象。中国海洋社会学的学科建设根本之道不在于介绍与借鉴西方相关科学的理论，而在于对海洋社会事实进行经验研究和理论阐释，达到对海洋与社会关系的整体理解的目的，进而实现海洋社会学的知识增长和学科发展。

中国海洋社会学研究

2018 年卷　总第 6 期

第 15～25 页

© SSAP, 2018

创新社会治理视域下海洋生态
文明建设新发展*

——发展阶段、推动力及理念建构

张　一　申娴娴**

摘　要： 以创新社会治理视角研判海洋生态文明建设的作用机制和理念建构，将有助于厘清其发展趋势和基本特征。我国海洋生态文明已进入从被动保护到主动治理的新发展阶段，而在海洋发展快速时期所催生的"海洋生态文明因素"也在考验着政府控制导向的治理路径。将海洋生态文明建设的发展演进同创新社会治理基本内涵相结合是推动海洋生态文明建设的必然逻辑。创新社会治理有助于清除体制机制障碍，有助于凝聚社会共识，有助于创新基本建设方式。基于创新社会治理视域下的海洋生态文明建设，首先要树立新理念，新理念强调海洋生态文明建设需在海洋可持续发展的视野中形成整体、协调观念，形成更加尊重海洋的理性思维，将海洋民生作为发展的基本方向，实现建设过程中多元主体的良性互动，实现人海和谐共生。

关键词： 海洋生态文明　创新社会治理　推动力

---

*　本文是山东省社会科学基金"山东省海洋生态文化服务体系建设问题研究——基于海洋生态文明示范区的建设"（14DSHJ05）、青岛市哲学社会科学规划项目"青岛市海洋生态文明示范区建设问题研究"（QDSKL150706）的阶段成果。

**　张一，中国海洋大学法政学院副教授，研究方向为海洋社会学、环境社会学；申娴娴，中国海洋大学社会学专业硕士研究生，研究方向为海洋社会学。

以国家海洋局下发的《关于开展"海洋生态文明示范区"建设工作的意见》为标志，海洋生态文明建设已进入实践阶段。相关学者在对传统海洋发展模式反思的基础上，提出了海洋生态文明建设所应当遵循的基本思路、价值观念和具体对策。遗憾的是，由于缺乏对海洋生态文明基本建设阶段的判断，未能将其放在我国社会发展的整体性框架中加以考察，未能将海洋生态文明基本建设阶段性演变同我国发展模式转型相结合，其结论难免"一事一议"，对海洋生态文明建设内涵的认识普遍缺乏时代意识。习近平总书记明确要求"把生态文明建设放在突出地位，融入经济建设、政治建设、文化建设、社会建设各方面和全过程"[1]，生态文明建设融入社会建设自然成为其中一项关键任务。作为生态文明建设的延伸和扩展，海洋生态文明建设的目标价值与创新社会治理的目标价值具有趋同性，均是为了经济社会可持续发展。创新社会治理有效推进，就会激发社会活力、推动经济社会有序发展，海洋生态文明建设进程必然加快。鉴于此，探讨创新社会治理与海洋生态文明建设二者之间的关系，依据创新社会治理总体要求来推进海洋生态文明建设，对于实现海洋生态文明建设与海洋发展的良性互动具有重要意义。本文以研判海洋生态文明发展阶段演变趋势及当前海洋生态文明建设困境为切入点，进而阐释创新社会治理推动海洋生态文明建设新发展的生成逻辑及其作用机制，并明晰基于创新社会治理视域下的海洋生态文明建设的理念建构。

一 海洋生态文明建设的发展演进

（一）从被动保护到主动治理

1. 被动保护——海洋环境污染日益严重的直面应对

传统海洋环境问题的认识观，指向是改革开放后海洋开发能力快速提升，导致海洋环境污染日益严重，进而引发对人海关系失序的思考。基于此，"以探寻影响海洋环境的各种工具因素为基础的一种海洋环境保护行

---

[1] 《习近平向生态文明贵阳国际论坛 2013 年年会致贺信强调：携手共建生态良好的地球美好家园》，《人民日报》2013 年 7 月 21 日。

为",开始提到议事日程。我国的海洋发展与充分释放市场力量相向而行,在"人类中心主义"的诱使下,在极度追逐物质资源的过程中,经济理性逐渐战胜了道德理性,对海洋环境的破坏性被刻意掩盖。可以说,我国的海洋生态观照在海洋发展布局中一直处于隐蔽状态,当它已经开始深入影响人的生存环境和掣肘经济发展时,才引起了社会的反思。海洋环境问题在走向"显性"过程中所体现的突然性、全面性是不同于其他海洋发展问题的重要方面。因而,所谓的海洋生态文明建设是面对海洋环境日益恶化的被动保护之举,其被动性在于,缺乏相应的知识储备、警觉意识而导致的仓促应对,更与我国社会转型期的基本特征高度关联,也就是说,人们对物质财富的过分追求,漠视了海洋环境恶化及其带来的负效应,自然缺乏主动破题的意识形态基础。

2. 主动治理——海洋生态文明建设的新趋势

改革是由问题倒逼而来,对海洋环境问题的认识觉醒和试错积累提升了海洋生态文明的建设能力。值得强调的是,触目惊心的海洋环境问题让人们不再以物质创造来衡量海洋发展,不再将海洋环境问题看成孤立领域的问题。党的十八大以来,海洋要素扮演日益重要的角色,海洋生态文明建设被放在了更加突出的地位。海洋生态文明的内涵"已超越以往海洋环境保护的含义,从强化经济功能过渡到以倡导海洋生态文明价值观、秉持海洋生态文化现代性为核心的文化发展层面"。当前,我国海洋生态文明建设的基本思路是以海洋生态文明示范创建为平台,"由中央层面为发起者和考核主体、以地方层面为运行者和实践主体,通过对不同行政层级的生态文明相关指标达标考核为手段来促进各类生态文明工程建设、制度建设和行为规范化的过程"[①]。在海洋生态文明建设示范区的实践中,海洋领域的生产生活方式已出现积极变化,有的甚至可称得上革命。在海洋生产领域,第三产业将成为核心增长极,第二产业将面临产业升级;在海洋生活方式上,绿色简约将成为社会生活主基调,人们不再通过过度消耗海洋资源来彰显征服海洋的存在;在海洋环境保护模式上,政府、社会和市场将走向利益共同联盟。基于海洋生态伦理的"人海和谐"将成为指引海洋

---

① 曹志英:《海洋生态文明示范创建问题分析与政策建议》,《生态经济》2016 年第 1 期。

发展的核心精神。

（二）走向僵化与现实诉求

传统工业文明的海洋发展是适应市场效率和经济理性的必然结果，它在改革开放的大潮中见证了我国伟大的发展成就，但也在后续发展中走向僵化。社会主义市场经济强调市场对资源的决定性作用，由此我国开始进入政府与市场合力推动海洋生态文明建设的时期，并取得了一定的成就。事实上，相比于海洋经济发展等"硬任务"，海洋生态文明建设"做起来次要"的现象还不同程度地存在，往往陷入"头痛医头、脚痛医脚"的思维惯性，而在政府单一治理的路径依赖中，极易陷入表面性的泥潭。在海洋发展快速时期所催生的"海洋生态文明因素"正在考验着这种发展路径。

一是控制与参与。根植于政府自上而下控制导向的传统治理模式极易抑制公众应对海洋环境问题的能动性。传统控制导向中的公众缺乏主动精神和责任意识，导致政府在面对海洋环境问题时，无法获得有效支持。海洋环境问题绝非一般意义的社会矛盾，它根源于传统海洋发展模式，同时又与之相联系。相比而言，更需要公众从思维领域到生活领域的根本变革，而这一切都是传统控制导向所不能供给的。

二是碎片与整合。碎片化是传统治理模式的基础特征，计划经济时期的单位本位与市场经济的经济理性本位共同固化了这一治理形态。实际上，海洋生态文明建设涉及不同主体，利益关系复杂，涉及经济外部性和公平性等问题，碎片化形态在海洋领域更为严重，在政府内部、不同地域和产业空间依然死守基本界限，难以形成互相合作的治理模式。"沿海行政区域间的用海与环境保护矛盾；海洋管理部门、地方政府和产业部门分而治之的问题；现行法律、法规、规章的统一性，以及完善法律法规体系等问题。"① 不同利益主体看似在谨守规则本分，实际却陷入了孤立视域。海洋经济快速发展所孕育的海洋环境问题高度嵌入复杂而又快速扩散的社会生活当中，在这样的背景下，碎片化根本无法满足海洋生态文明建设的整体性要求。

---

① 王琪、田莹莹：《基于蓝色海湾整治的中国围海造地管理及改进策略》，《中国海洋经济》2016 年第 2 期。

二 创新社会治理——海洋生态文明建设的推动力

(一) 创新社会治理推动海洋生态文明建设的必然逻辑

对我国海洋生态文明建设抱有乐观态度，是基于两个合理判断。一是海洋发展所创造的经济基础为走向海洋生态文明奠定坚实基础；二是趋海行为所追求幸福生活的原动力和与之保持一致的自我提升能力。从现实来看，我国总体处于海洋经济高速增长期，也处于海洋生态文明建设的探索期，海洋生态文明建设已为社会所高度关注。海洋环境问题归根结底是倡导工具性和经济理性的海洋发展自身问题，如用传统的发展模式应对属于先进文明的建设，会存在严重的时空错位，理应透射出海洋发展模式转型的必要性。为此，走向更高层次的海洋生态文明必然要系统性改造那些不利于海洋发展的诸多领域。海洋经济的发展与海洋科技水平的提升为海洋发展模式转型提供了支撑，当然，也在创新社会治理的曙光中看到了未来发展的基本框架。创新社会治理蕴含"合作协商""伦理善治"等关键词，在追求公平正义的过程中提高了社会发展的质量和效率。最为重要的是，创新社会治理兼具"集体行动逻辑"的特征，理念的现代化、主体的多元化和方式的科学化是必然选择。于是政府开始逐步放弃单一管控模式，用系统化、整体性思维克服过往孤立看待客观事物的狭隘观念，而为了将各种社会矛盾消除在萌芽状态，以基层为基础的治理方式更受到重视。海洋生态文明建设是一个系统工程，不是简单的海洋环境保护问题，海洋发展中存在的外部性、碎片化等难题，亦是社会问题和政治问题，具体到海洋环境问题，往往涉及社会的方方面面。要从整体上推动海洋生态文明建设，即充分发挥社会各方力量才能达到有效治理，就需要对政府控制导向模式进行反思，规避因政府失灵而引发的一系列矛盾，新时期的海洋生态文明建设重点就是要改变政府与市场和公众之间关系的基本定位。因此，从强调政府治理到倡导社会治理是推进海洋生态文明建设的内在要求。创新社会治理源于计划经济弊端并在市场经济转型中逐步优化，它仍处于依靠政治权威推动向法治模式过渡的关键时期。生态文明与社会治理是同处于中国发展格局中的子系统，将在相互作用中协同演进，具有较强的关联性。

增强海洋生态文明建设有效性的关键在于创新社会治理，在创新社会治理自身能动性和海洋生态伦理的双轮驱动下寻找海洋生态文明建设的动力。从这个意义上说，将海洋生态文明建设的发展阶段演进同创新社会治理基本内涵结合起来是海洋生态文明建设新发展的必然逻辑。

（二）创新社会治理推动海洋生态文明建设的作用机制

1. 清除海洋生态文明建设的体制机制障碍

在海洋生态文明建设领域，往往存在基于利己原始动机采取不合作态度的现象，这就需要不断改善不同利益主体之间的沟通状况，增强信任程度，有效化解因海洋环境问题引发的社会矛盾。中央多次强调要加快形成"党委领导、政府负责、社会协同、公众参与、法制保障"的社会治理体制，正是对新时期国家、市场和社会关系的深刻调整。它通过国家—市场—社会三者协同互动，推动社会治理形成合力。事实上，政府、企业和社会组织等利益主体共同参与的海洋环境保护新格局已初现。而海洋生态文明运行体制机制的顶层设计还不完善，以至于未能从根本上形成多方建设的合力，并成为当前海洋环境问题产生的社会根源。这就要求，一方面使海洋生态文明建设融入国家治理体系和治理现代化之中；另一方面克服政府生态责任困境，注重吸收"社会共治"的思维，寻求多元建设的培育路径，充分发挥创新社会治理中各个社会主体的不同作用，这些对我国海洋生态文明建设具有很强的现实意义。

2. 凝聚海洋生态文明建设的社会共识

海洋生态文明建设只有具备良好的社会基础，才能更好推进。一方面海洋生态文明建设要求海洋发展在思维观念、社会实践等方面都相应地发生改变，自觉地维护海洋生态系统的平衡；另一方面也是推进创新社会治理的必然要求，有利于形成政府与社会双向互动。实际上，社会共识程度直接体现着海洋生态文明建设效果，这就要求我们在充分听取社会民意的基础上解决相关突出问题。社会力量作为社会治理主体，逐渐成为重要的协同与制约力量，它通过个人或者社会组织的形式积极参与，不断推动海洋生态文明的民主化，又可以通过组织化方式来制衡政府权力运行，也有助于政府海洋生态政策制定和执行。当然，海洋生态文明意识的培育也离不开良好的社会共识，它为公民广泛参与海洋生态文明活动奠定社会基础。所以说，凝练社会共识，是推进海洋生态文明建设的持久动力。因此，创新社会治理反映了对海洋生态文明建设的本体呼唤，在实践中能进一步指导人们正确调整自身的生产生活行为，营造保护海洋环境的良好氛围。

3. 创新海洋生态文明建设的基本方式

如何破解海洋发展带来的负面影响，是创新社会治理必须考虑的重大问题。社会治理精细化对"系统治理、依法治理、综合治理、源头治理"都提出了更高要求。在海洋生态文明建设实践中引入社会治理精细化原则，利用专业的建设方式、多样化的手段、科学的评估方法，实现更优质、更关注细节和更加人性化的建设目标。首先，必须倡导依法治理。用制度的"刚性"祛除过往的"随意性"，保证海洋生态文明建设的严肃性，要根据海洋生态文明建设的阶段性特征明确规范各行动主体的关系和行为边界。其次，培育海洋生态伦理与文化。"制度不是社会治理的唯一工具，在制度难以发挥领域的空间中，生态伦理的培育至关重要。"① 用伦理的精神引导海洋生态文明建设的自治和自律，强调对海洋感恩的情怀与责任担当正是当前海洋生态文明建设不可或缺的重要手段，培养公众形成自觉自愿的有利于海洋生态的生活习惯，从而使伦理道德转化为持久而稳固的海洋生态文明建设力量。最后，构建海洋生态文明的科学评价机制。将海洋生态系统作为一个动态的社会系统来对待，需要建立科学完善的海洋生态文明建设评价体系。以往片面强调考核的经济性，使之成为推进海洋生态文明建设的一大障碍。因此，新时期海洋生态文明建设，需形成一套引导、激励和约束功能相结合的评价体系，不断推进建设科学化。同时，由于人民群众对海洋生态环境的质量有了更高的要求，因海洋环境问题的纠纷而引发的社会矛盾迅速上升，创新社会治理提出了有效预防和化解社会矛盾体制等举措，这些举措的具体实施与海洋生态文明建设具有紧密的联系，有利于有效预防和化解涉海社会矛盾。

三 创新社会治理视域下海洋生态文明建设的理念建构

理念指导行动，为此首先要树立海洋生态文明新理念。理念是多维的，

---

① 鲁敏、崔小杰：《生态文明建设的基本阶段及治理模式转型谈论》，《理论导刊》2015 年第 10 期。

是有关价值、意义、目的等一系列观念因素的综合。海洋生态文明建设理念是起导向作用的精神内核，是海洋发展的内在价值追求，表现为对待海洋所呈现的道德态度和价值判断。创新社会治理视域下的海洋生态文明建设理念强调海洋发展需摒弃以往无限扩张的错误，超越个体和时代的局限性，在可持续发展的视野中形成整体性观念，形成更加尊重海洋的理性思维，把海洋民生作为发展的基本方向，实现建设过程中多元主体的良性互动，实现人与海洋和谐共生。

（一）根本理念——协调取向

"最大限度增加和谐因素，增强社会发展活力，确保人民安居乐业、社会安定有序"，是创新社会治理的核心理念，其实质是创造社会稳定与社会活力之间的新平衡，这对海洋生态文明建设根本理念再认识具有重要启示作用。简单地说，海洋生态文明建设是在海洋开发实践中协调人与海洋生态环境的关系，奠定满足海洋发展需求的生态基础。由此可见，"协调"成为海洋生态文明建设的关键词，"协调"是协同进化，从系统性和协调性的视角强调海洋生态文明建设的重要性，确立人与海洋生态环境和谐共处、协同发展的双重目的，以此推进人海关系的新平衡。总的来说，所期望的一种海洋生态文明图景正有序铺开，海洋生态文明建设赋予海洋生态环境在人海关系中的基础地位，以海洋生态可持续发展来约束海洋开发的行为，标志着海洋发展理念正在发生根本性变化。这种海洋生态文明建设要求从始至终处理好两个最基本的"协调"关系。一是人与海洋生态环境的关系。海洋生态文明建设源于海洋环境问题对海洋发展的巨大影响，保护海洋生态环境自然成为海洋生态文明建设的基础。一切海洋发展的价值都不能脱离海洋生态环境而单独存在，人们需超越功利主义狭隘的发展观，应当遵循海洋生态环境的客观规律，将海洋开发对海洋生态环境的影响降低到可承受的范围。我国海洋生态脆弱，应当确立海洋发展中实现与海洋生态环境相平衡的现实目标。同时，海洋发展不仅受到人类发展规律的支配，也受到海洋生态多样性规律的支配，它是海洋发展的自然基础。海洋生态多样性决定了海洋文化多元性，沿海地区形成了丰富多彩的海洋文化经历和各具特色的涉海生活方式。海洋生态文明要求以宽容情怀尊重海洋生态多样性和价值多元化，强调人海的多样性存在。二是海洋发展内部结构的关系。"五位一体"发展格局与绿色发展在内的五大发展理念的树立和贯彻，说明生态文明建设已进入一个新的发展阶段。海洋生态文明建设理应视为海洋发展格局的一部分，换句话说，海洋生态文明是建立在海洋环境资源约束基础上的工业文明、良好制约激励制度基础上的政治文明、先进海洋生态文化基础上的精神文明、稳定有序基础上的社会文明的建设架构。由此构成的"五位一体"的海洋生态文明建设思路作为一种结果论是长期海洋开发实践活动逐渐生成的，它们之间的良性互动推动着海洋生态文明的演进。只有在海洋发展格局中协调好与海洋生态文明相关联的各部分的关系，统筹兼顾，才能实现开发与保护的良性互动，海洋生态文明才能不宣而至，最终实现人海关系的和谐共存。

（二）人本理念——民生取向

创新社会治理要求"以人为本为核心，将实现好、维护好、发展好最广大人民的根本利益作为工作的出发点和落脚点"。"任何文明形态都以满足人的生存与发展需求为最终目的，生态文明建设始终应当将满足人的需求置于优先选项"①，而非采取以自我为敌的极端生态主义。在面向未来的历史视野中，海洋生态文明建设理应坚持以人为本，明确表达海洋生态文明建设对于维护人的根本利益的极端重要性。海洋生态文明建设应体现公平性原则，要为人的全面发展营造一个优良的海洋生态环境。海洋生态文明建设的重点应与民生息息相关，因此，要将海洋生态民生纳入创新社会治理的范围，在创新社会治理进程中进行民生建设。一是海洋生态文明建设融入沿海地区社会建设。沿海地区民生能否改善与海洋生态文明建设成效高度关联，解决好海洋生态环境保护问题，也是搞好沿海地区社会建设的重要基础。党的十八大报告中指出"大力推进生态文明建设，为人民创造良好生产生活环境"。"良好生产生活环境"是海洋生态文明建设应该提供给涉海群体的最基本的民生服务，其重点是解决污染难治和海洋空间减少等问题。二是推动沿海地区的现代生活方式转型。沿海地区现代生活方式是一种按照海洋生态文明的要求，培育适应海洋生态系统的生产生活能

---

① 陈墀成、邓翠华：《论生态文明建设社会目的的统一性——兼谈主体生态责任的建构》，《哈尔滨工业大学学报》（社会科学版）2012 年第 3 期。

力，搭建有利于海洋生态环境可持续发展的环保型的生活方式。沿海地区现代生活方式要求人们充分尊重海洋生态环境，确立新的海洋发展幸福观，倡导适度消费，以达到有利于人的全面发展的目的。要将海洋生态文明理念融入人们的生活中，使人们在践行这一理念的过程中能够感受到庄严性及与自身利益的相关性，要想推动沿海地区的现代社会方式转型，使海洋生态文明理念内化于社会成员的思维中，就需要通过发展教育、文化，使社会成员的自身素质提升，最终产生一致的理性行动。

（三）方式理念——民主取向

海洋生态文明建设不仅要彰显出沿海地区政府的海洋环境保护意识，也要凝练出公众、社会组织和企业的生态自觉。当前，海洋环境问题的跨地区性、关联性、突发性日益增强，从这个意义上讲，海洋生态文明建设也是使相互矛盾的利益得以调节且采取共同行动的持续过程。致力于共同行动的利益主体应秉持面向全社会的公共和民主治理观念，改变过往的"头痛医头、脚痛医脚"的思维方式。将创新社会治理方式扩展到海洋生态文明建设领域，要求多元主体共同参与海洋生态文明建设，以应对海洋发展可能涉及海洋环境和人类生存的困境，加快形成全社会"齐抓共管"的新型建设格局。海洋生态文明建设方式的民主取向在实践上要求以合作为基础的治理方式多样化，民主取向意味着多样性共生共存，应以包容之精神，在求同存异中相互容纳，在理性框架下以共赢的态度探寻共治的现实路径，应当是在社会、市场和政府之间寻求合作共治的新模式。一是社会组织的积极参与是海洋生态文明建设的重要途径。十八届三中全会提出要"激发社会组织活力"，这必然给社会组织尤其是环保组织带来前所未有的机遇。海洋环保民间组织理应成为海洋生态文明建设的重要力量。当前，海洋环保组织通过各种活动吸纳更多的社会成员参与海洋环境保护事业，这些活动在海洋环境保护方面取得了很好的效果。同时，政府也应和海洋环保组织之间建立稳定的交流渠道，提高其对政府海洋发展工作的影响力，政府应加强对海洋环保组织的管理、监督和引导。二是要积极鼓励公众的参与和监督。我们所进行的海洋生态文明建设是以人为本的生态文明建设，因此公众力量必不可少。海洋生态文明建设的公平性原则也要求公众参与到构建文明的新秩序当中。公众参与的协商民主是政策合法性的基础，公众参与扮演着双重角色，既要监督政府与企业治理海洋环境污染和生态破坏，又要按照海洋生态文明建设的要求规范自己的行为。三是，海洋生态文明建设必须牢固树立海洋生态制度理念。实践证明，海洋环境问题也是因不公正的社会制度、生产方式以及不公平分配而形成的矛盾冲突。因此，海洋生态文明建设要求从根本上对传统海洋发展形态进行审视，着力打破海洋生态文明建设的体制机制制约，从源头上赋予不同利益群体公平正义，解决海洋发展整体性与海洋环境孤立性之间的矛盾以及海洋发展的不平等问题。海洋生态文明建设要建立健全有利于利益协调的激励约束制度，关键是规范生产、生活可持续行为等社会诱因，以期实现海洋开发的权责统一。

中国海洋社会学研究

2018 年卷 总第 6 期

第 26～34 页

© SSAP，2018

海洋文化：人类文明加速发展的内在根本动力*

宁　波　刘彩婷**

摘　要：在人类文明发展史中，海洋文化实际上长期扮演着内在动力角色。在史前时期，人们为获取食物，受浮叶、浮木等启发而发明舟。因此催生的地中海文明，成为西方文明发展的重要源泉。中国东周之际，管仲以"渔盐之利"使齐国民富国强而率先称霸诸侯，加速了由春秋到战国的快速演进，使中华文明大大超过了以往的发展节奏。秦汉之际肇始的"海上丝绸之路"，促进了东西方文明的交流与互鉴，使中华文明吸收借鉴了众多人类文明成果，日趋走向繁荣昌盛，成就了唐宋经济文化的空前繁荣。在 2000 年左右的历史跨度中，中华文明通过"海上丝绸之路"，向韩国、日本、东南亚等地不断流布与传播，既凸显了海洋文化的内在张力，连通亚洲、欧洲与非洲，通行太平洋、印度洋，也促进了人类文明发展进程。西方则在历经漫长而黑暗的中世纪后，方于滨海之国意大利率先兴起文艺复兴运动，对古希腊海洋文明予以再发现、再认识和再创造，冲破宗教枷锁和束缚，催生"平等、自由、博爱"的资本主义精神，触发了人类

---

* 项目资助：上海中国航海博物馆合作项目（项目编号：D-8005-16-0176）。

** 宁波，山东宁阳人，上海海洋大学经济管理学院副研究员，海洋文化研究中心副主任，主要从事海洋文化与社会发展研究；刘彩婷，山西吕梁人，上海海洋大学经济管理学院 2015 级硕士研究生。

文明发展方式的根本变革。尤其是大航海时代以后，"发现新大陆"极大推进了全球化进程，也加速了人类文明的快速变迁与发展。而今，海洋更成为联系世界各国的重要载体和桥梁，海洋文化默默助推着世界各国经济贸易、文化交流和文明进程。纵览古今中外，海洋文化或隐居幕后，或位居前台，但在人类文明发展进程中始终扮演着内在动力角色。未来，海洋还将成为人类生活的重要空间，使人类文明真正进入蔚蓝色的海洋时代。

关键词： 海洋文化　人类文明　发展　动力

海洋占据地球表面积的 71%，这注定海洋在人类文明发展进程中扮演着不可或缺的角色，也注定海洋文化是人类在文明进程中所创造又大大促进人类文明发展的重要动力。

一　海洋文化的本质是人类超越自我的实践

黑格尔等哲学家认为海洋文化有别于大陆文化，具有开放进取的特征。实际上，海洋文化的本质是人类超越自我的实践。人类认识海洋的过程，是随着生产力的进步而不断拓展和深入的过程。人类天然有探究未知的冲动，与其说开放或保守的思想左右着人们对海洋的态度和探索，不如说是生产力发展水平决定着人们走进海洋、亲近海洋、拥抱海洋的广度、维度和深度。历史上，人类每一次迈向海洋的伟大一步，莫不伴随着生产力发展水平"质"的飞跃。

人类起初为寻找食物不断走向海洋的过程，也是不断突破身体条件限制的自我超越过程。对远古人而言，找寻食物、获取食物是生存发展的第一大事。由最初在海滨采集被海水冲上沙滩的鱼虾，到浅涉海水采集鱼虾贝藻，再到发明鱼叉、渔网、舟船等捕鱼工具，人们渐渐提高了离岸作业能力，进而踏波逐浪成为海洋的弄潮儿。这一过程不仅使远古人逐步获取更多食物，而且在实践中发明了推动生产力发展的各种生产工具。其中，每种生产工具都是对人自身身体条件的延伸和突破。如鱼叉是手臂的延长，渔网是双手十指交叉的模仿和放大，舟船是对人游泳的再突破。比如在浙江河姆渡遗址，出土有 8 支用整块硬木加工制成的桨，是迄今世界上发现的最古老的木桨。从器物功能演化逻辑分析，船的发明一般要早于桨，因此可以推断在史前河姆渡时期，远古先民已可以通过舟船向大海获取食物。此外，跨湖桥遗址出土的独木舟也表明，早在 8000 年前生活在今天浙江萧山的远古先民就已经使用舟船工具。① 舟船的发明是远古人对自我的超越，也是海洋文化史上具有突破意义的重大发明。有了舟船，人的想象力和创造力得到巨大释放，为人们从有限走向无限提供了可能。

人类为生存发展向海洋获取资源的过程，也是促进生产力不断发展的生产实践过程。从原始人在海边拾取贝壳与海鱼为食，到夏商时期规定沿海地区向中原王朝贡献海产品，再到《周礼》《逸周书》等记载至西周春秋时期已形成较为系统的海洋资源（鱼、盐、海珍品）征收法令，说明人们对海洋资源的需求不断扩大，并逐步纳入国家管理范畴，这在某种程度上推动了人们对海洋认识的不断深入，反映了人们海洋意识的不断加强。② 这些早期的海上活动，不仅是中华海洋文化滥觞的有力佐证，而且反映了人类为生存而勇于探险、积极发展生产力的开拓实践过程。

早期的渔盐之利不仅是强国富民之策，也是人类超越陆地限制创造海洋文化的过程。渔盐之利在古时可以强国富民，迄今仍是国民经济中的重要组成部分。司马迁在《史记》中记载："兴渔盐之利，齐以富强。"不仅姜子牙时"通渔盐之利"使齐地由贫而富、人口大幅增长，至管仲时更是兴渔盐之利，为齐国成为春秋五霸之首提供了重要经济基础。《汉书·地理志》载："太公以齐地负海舄卤，少五谷而人民寡，乃劝以女工之业，通鱼盐之利，而人物辐辏。"到春秋时，管仲建议齐桓公，"海王之国，谨正盐策"（《管子·海王》）。齐国因此走向富强，成为春秋时期雄踞诸侯的五霸之首。渔盐转变为利，需要交换，从而成为海洋文化与大陆文化交流互动的桥梁。由于盐是难以自给自足却又是普遍需求的产品，因此从某种意义上说，海洋文化深化了人们早期交换的维度和深度，进而促进了经济贸易形态的发展。

海洋文化的本质是人类超越自我的实践。在这种超越中，中华民族创造了灿烂而辉煌的海洋文化。"我国海洋文化是近代以前世界史上占有重要

---

① 张开城：《海洋文化与中华文明》，《广东海洋大学学报》2012 年第 5 期。
② 陈智勇：《试论夏商时期的海洋文化》，《殷都学刊》2002 年第 4 期。

地位的五大文化系统之一，对中国乃至世界文化都曾产生过积极的影响。中华民族的海洋文明史是中国人民在长期不断的接触海洋、利用海洋和征服海洋的实践过程中所创造的历史，并且留下了宝贵的海洋物质文化遗产和非物质文化遗产，体现了沿海人民的生命力和创造力，是我国文化瑰宝的重要组成部分。"①

二 海洋文化促进人类早期的商业贸易活动

在四五千年前的原始社会，因为生产力低下，缺衣少食，各个家庭甚至部落之间几乎没有剩余产品用于交换，即使偶尔发生交换一般也是以物易物，不存在一般等价物。随着生产力的发展和社会进步，社会物质财富逐步丰富，人们对物质生活的需求不断扩大，以物易物的交换方式渐渐凸显不便，比如用羊换米费时费力，为此人们找到一种大小适中、易于携带、便于计数的贝壳作为交换中介物。贝壳小巧、瑰丽、耐用，逐渐充当商品交换的一般等价物。原始贝币约产生于 3500 年前的商代，在河南安阳殷墟妇好墓等地均有出土。这些贝币所用贝类主要出产于东海、南海等地，从一个侧面反映了海洋文化对商代贸易交换的促进意义。

随着商品经济的发展，天然贝币逐渐供不应求，人们又逐渐创造出石贝、骨贝、蚌贝、绿松贝等变通贝币，其长度为 1.2 厘米至 2.4 厘米。在商代晚期，又出现了中国最早的金属货币"铜贝"，如河南安阳和山西保德等地商代晚期墓葬中均有发现。后为满足大额货币使用需求，在铜贝表面包金的"包金贝"应运而生。河南辉县东周大墓葬出土有 1000 余枚包金贝，可谓中国金属包金币的鼻祖。

春秋战国时期的"货贝"，其背部均被磨平，也因此被称为"磨背式货贝"。在北方地区还发现有"金贝""银贝""鎏金铜贝"等金属贝币，在南方原楚国地区出土有刻着文字的"铜仿贝"，又称"文铜贝"，因其外形像蚂蚁爬鼻或鬼脸，又被俗称为"蚁鼻钱"或"鬼脸钱"，均为瓜子形，背部平整，通行于南方地区。最早记载蚁鼻钱的是宋代洪遵所撰的《泉志》：

① 刘家沂：《中华文明的瑰宝：海洋文化遗产》，《今日中国论坛》2006 年第 9 期。

"此钱上狭下广。背平，面凸，有文如刻镂又类字，也谓之蚁鼻钱。""蚁鼻钱"铸行于战国早期，"鬼脸钱"则铸行于战国中晚期。1963 年，湖北孝感野猪湖出土面文为"咒"字的鬼脸钱 5000 枚。"仿铜贝"的出现是中国货币史上一次质的飞跃。

到公元前 221 年，秦朝废除贝币体系。贝币、仿铜贝都是中国货币史上的重要发明，大大推进了中国货币史发展进程，促进了商贸交换活动的开展。来自海洋的贝，以其浓郁的海洋文化特征，赋予人类早期商业活动挥之不去的海洋文化色彩。它为人类交换提供了一种最早的一般等价物，在物物交换中提供了一种媒介，从而极大拓展了人类交换的空间、物品种类，使集市发展步入新层级，使贸易能力步入新境界。

三　中国的海上丝绸之路促进了全球化进程

"海上丝绸之路"是人类早期跨越大洲、大洋的全球化探索与实践。

秦汉之际肇始的"海上丝绸之路"，促进了东西方文明的交流与互鉴，使中华文明吸收借鉴了众多人类文明成果，并为唐宋经济文化的古代高峰奠定了基础。在 2000 年左右的历史跨度中，中华文明通过"海上丝绸之路"，向韩国、日本、东南亚等地不断流布与传播，甚至突破东亚范围，远及欧非，既凸显了海洋文化的内在张力，也促进了东方人类文明发展的进程。

魏晋时，孙吴政权黄武五年（公元 226 年）置广州（郡治今广州市），加强了南方海上贸易。东晋时期，广州成为海上丝绸之路的起点，远涉十几个国家和地区，不仅与东南亚诸国开展贸易，而且西到印度和欧洲的大秦。隋统一后，南海、交趾成为著名商业都会和外贸中心，义安（今潮州市）、合浦也成为对外交往重要港口。唐朝时，北航高丽、新罗、日本，南通东南亚、印度和波斯等国。特别是由广州往西南的海上丝绸之路，历经 90 多个国家和地区，航期约 89 天（不计中途停留时间），全程共约 14000 公里，是公元 8~9 世纪世界最长的远洋航线。宋朝的海上丝绸之路使经济贸易空前繁荣。明初尽管有"不得擅出海与外国互市"的闭关政策，但依然维持着官方的"海上丝绸之路"：一是准许非朝贡国家船舶入广东贸易，二是唯存广东市舶司对外贸易，三是允许葡萄牙人进入和租居澳门。清代，从海禁到广东"一口通商"，是清代对外贸易史的重要转折点。①

如果说地中海贸易还只是停留于内陆海的商品交换活动，"海上丝绸之路"则是人类跨越大海、大洋和大洲的重要海上活动，不仅促进了海上经贸文化交流，而且促进了中国航海业发展，书写了海洋文明史上的辉煌篇章。英国科学家李约瑟博士认为，"中国人被称为不善于航海的民族，那是大错特错了。他们在航海技术上的发展随处可见"。② 不仅如此，中华海洋文明还是中华原生文明的一支，与中华农业文明的发生几乎同时。中国历史文献中的百越族群与人类学研究的南岛语族，属于同一个范畴，两者存在亲缘关系。百越族群逐岛漂流航行活动的范围，穿越东海、南海到波利尼西亚等南太平洋诸岛，是大航海时代以前人类最大规模的海上移民。东夷、百越被纳入以华夏文明（即内陆文明、农业文明、大河文明）为主导的王朝统治体系以后，海洋文明被进入沿海地区的汉族移民所继承，和汉化的百越后裔一道，铸造了中华文明的海洋特性，拉开了"海上丝绸之路"的序幕。③

因此，从某种意义上说，"海上丝绸之路"是人类经贸全球化的伟大创造和海洋文明史的重要篇章。

四　西方大航海时代加速了世界全球化浪潮

西方早期文明肇始于两河流域和尼罗河畔。"海洋文明"首见于希腊语，最早用于指称克里特岛上依赖海上商业、海盗劫掠和殖民征服起家的米诺斯文明（公元前 3000 年至公元前 1400 年）。公元前 1000 年至公元 500 年，位于亚、非、欧三大洲之间的地中海贸易兴起。米诺斯文明及后继的迈锡尼文明中的海洋商业文明因素为希腊文明和罗马文明所继承。500 ~ 1500 年的中世纪时期，北欧"蛮族"维京人创造了 300 年（800 ~ 1100 年）的"海盗时代"。④ 14 世纪，意大利的佛罗伦萨、威尼斯等城市共和国以海

---

① 张开城：《海洋文化与中华文明》，《广东海洋大学学报》2012 年第 5 期。
② 转引自陈智勇《试论殷商时期的海洋文化》，《殷都学刊》2002 年第 4 期。
③ 杨国桢：《丝绸之路与海洋文化研究》，《学术研究》2015 年第 2 期。
④ 杨国桢：《中华海洋文明论发凡》，《中国高校社会科学》2013 年第 7 期。

上贸易为立国基石，对古希腊海洋文明予以再发现、再认识和再创造，率先冲破宗教枷锁和束缚，开创文艺复兴运动，催生了"平等、自由、博爱"的资本主义精神，触发了人类文明发展方式的根本变革。其后，海洋文明中心从地中海先后转移到大西洋沿岸的葡萄牙、西班牙、荷兰、英国、德国和美国。"发现新大陆"开启大航海时代，极大推进了世界一体化，加速了人类全球化进程，促进了农作物、食物、语言和生活方式等的重大转变和深刻变革，促使人类文明前所未有地快速变迁与发展。

值得指出的是，大航海时代所启动、提速的全球一体化进程，一方面四溢着野蛮和血腥；另一方面粉饰太平，以文明中心者自居，用"新发现"渲染对世界地理和历史认识的浅薄，而不知或有意忽略海洋亚洲和"海上丝绸之路"存在的历史，把海洋东南亚叫作"前印度"，称海洋东亚为"东印度"，称自己的探险是发现"新大陆"。他们闯入海洋亚洲以后，搭上"海上丝绸之路"的顺风车，那时海洋伊斯兰、海洋印度、海洋东南亚式微，海洋中国因明朝实施海禁从印度洋、东南亚退出，欧洲海洋势力得以轻易地填补海洋权力的真空，用暴力掠夺、征服和殖民的手段，在亚洲海洋上兴风作浪，冲击海洋亚洲世界体系。①

抛却负面因素不论，大航海时代在客观上的确促进了全球化进程，将各大洲、各大洋联系为一个整体，使人类文明进入日益频繁的政治、经济、军事、文化等方面的交流与互动阶段。汤因比曾说："西方划时代的发明是以'海洋'代替'草原'，作为全世界交往的主要媒介。西方首先以帆船，然后通过轮船利用海洋，统一了整个有人居住的以及可以居住的世界，其中包括南北美洲。"② 如果说"海上丝绸之路"联系了太平洋、印度洋，沟通了亚洲、欧洲和非洲贸易，属于一个区域化全球化过程，那么"大航海时代"催生的模式则连通了五大洲四大洋，使人类进入了一个真正意义上的全球化发展阶段，是在"海上丝绸之路"全球化基础上的再提升、再创造和再超越。

---

① 杨国桢：《海洋丝绸之路与海洋文化研究》，《学术研究》2015 年第 2 期。
② 转引自〔美〕斯塔夫里阿诺斯《全球通史：从史前史到 21 世纪》上，吴象婴等译，北京大学出版社，2006，第 335 页。

五 "21 世纪海上丝绸之路" 开启人类文明新局面

2013 年 9 月，习近平主席在哈萨克斯坦纳扎尔巴耶夫大学发表演讲，首次提出共同建设 "丝绸之路经济带" 的倡议。10 月，习近平主席在访问东盟 "领头羊" 印度尼西亚时，提出中国愿同东盟国家加强海上合作，共同建设 "21 世纪海上丝绸之路" 的倡议。2014 年 6 月，李克强在希腊中希海洋合作论坛上提出："我们愿同世界各国一道，通过发展海洋事业带动经济发展、深化国际合作、促进世界和平，努力建设一个和平、合作、和谐的海洋。"2015 年 3 月，商务部发文阐述共建 "一带一路" 旨在促进经济要素有序自由流动、资源高效配置和市场深度融合，推动沿线各国实现经济政策协调，开展更大范围、更高水平、更深层次的区域合作，共同打造开放、包容、均衡、普惠的区域经济合作架构。"一带一路" 是 "中国梦" 的延伸，是中国坚持改革开放的进行曲。

2017 年 1 月 17 日，国家主席习近平在达沃斯出席世界经济论坛 2017 年年会开幕式上发表主旨演讲时指出，"一带一路" 倡议提出 3 年多来，已经有 100 多个国家和国际组织积极响应支持，40 多个国家和国际组织同中国签署合作协议。中国企业对沿线国家投资达到 500 亿美元，一系列重大项目落地开花，带动了各国经济发展，创造了大量就业机会。"一带一路" 倡议来自中国，但成效惠及世界。在 "一带一路" 倡议下，"21 世纪海上丝绸之路" 将会进一步提升全球化质量和内涵，开创人类文明发展的新局面。

综上所述，海洋文化在人类文明发展史中，始终扮演着幕后的根本动力角色。而今，海洋更成为联系世界各国的重要载体和桥梁，海洋文化默默助力世界各国经济贸易、文化交流和文明进程。著名海洋经济社会史学家、厦门大学教授杨国桢指出："世界经济、社会、文化最发达的区域，集中在离海岸线 60 公里以内的沿海，其人口占全球一半以上。世界贸易总值 70% 以上来自海运。全世界旅游收入 1/3 依赖海洋。目前，全世界每天有 3600 人移向沿海地区。联合国《21 世纪议程》估计，到 2020 年全世界沿海地区的人口将达到人口总数的 75%。"① 未来，人类或许还会在海洋恒温

---

① 杨国桢：《海洋丝绸之路与海洋文化研究》，《学术研究》2015 年第 2 期。

层建设社区、商场、公园、游乐场等，构建温暖舒适的海中家园，使人类文明真正进入蔚蓝色的海洋时代。

在数千年的人类文明发展史中，海洋文化或内在或外显地提供了举足轻重的动力和源泉，在生产力发展上扮演着渐行渐近的文明发展动力角色，今后必将更加广泛、更加深入、更加多元地推动人类文明发展进程。

渔民群体与渔村社会

中国海洋社会学研究
2018 年卷　总第 6 期
第 37~68 页
© SSAP，2018

明清以来胶东渔村的生长与
变革：以崂山为例

马树华*

　　摘　　要： 崂山位处山东半岛东南端，濒临黄海，海洋资源丰富，明清以后滨海村落逐渐增多，形成了半渔半农的稳定经济形态。青岛开埠后，崂山的社会经济发生了深刻变革，越来越依附于城市发展，海洋生产渐趋衰退，渔民生活境况日趋窘迫。1950 年以后，渔业生产制度的变革，过度捕捞与近海渔业资源的枯竭，海水养殖与海洋生态环境的变动，城市化进程的急速推进，等等，使崂山渔村的变化呈现加速度趋势。崂山渔村的生长与变革，可作为胶东渔村明清以来变化的缩影。

　　关键词： 明清以来　渔村　变革　崂山

　　山东北、东、南三面向海，海岸线长达 3000 公里，沿海地区早在旧石器时代就有了人类活动的痕迹，到新石器时代的岳石文化时期，海洋文化特色已日趋明显。自齐国依托海洋富国强兵，一种海洋风格浓烈的地域文化形态渐渐孕育而成。在此后历代海疆开发的过程中，由于自然地理条件不同，山东沿海地区又形成了在经济形态和民众生活等方面迥异的人文区域，到明代，这种人文区域的划分及界定更为清晰，大致包括青州沿海区

---

　　* 马树华，山东菏泽人，中国海洋大学文学与新闻传播学院副教授，主要研究方向为海洋文化社会、近代港口城市与区域社会等。

域、滨州河海区域、莱州沿海区域、登州沿海区域四个板块。① 清代，山东沿海地区的整体开发呈现前所未有的高涨趋势，这四个区域的发展速度和开发力度也各有不同，尤其是随着晚清烟台、青岛、威海的开埠和外国势力的进入，山东沿海地区的社会经济出现了更大差异。本文所探讨的崂山区域，在周以前为东夷地，入齐后归即墨县，属于上述四个板块中的莱州区域，位处山东半岛东南端，东、南两面皆濒临黄海，东高而悬崖傍海，西缓而丘陵起伏。海洋资源丰富，自明清以来，人口滋长，形成众多滨海村落，青岛开埠后，随着城市化进程的推进，百余年来变迁甚巨，可作为胶东渔村近世以来变化的缩影。

一 半渔半农的崂山渔村（1368～1898 年）

崂山旧属即墨，即墨资源丰富，明代中前期，该县在胶东堪称富邑，史称："有田可耕，有山可樵，有鱼可渔，其扼塞足以备不虞，其膏腴足以供赋税，其蒸云变霞，酝灵蓄秀，足以生才哲为国华。古称即墨之饶，饶足以尽墨哉！"② 明代人描述说："莱七邑，即墨其一也，在胶水之东、劳山沧海之间，盖东方胜游之地，……其地利鱼盐。"③ 又说："本县……自古形胜之区也。国初，室庐相望，差赋咸轻，百姓有鱼盐之利，无追呼之扰，以故邑号治安。"④

但到明后期，受海防政策影响，即墨经济出现下滑趋势。明初在山东半岛普遍设立卫所备倭，即墨是当时山东南部沿海的海防要地，设有一营一卫二所，即即墨营、鳌山卫、雄崖所和浮山所。因厉行海禁，各海口不能自由通商，到万历年间，即墨呈现一片萧条景象：

> 古称即墨之饶，饶岂足以尽墨矣！今形胜犹昔，凋敝乃尔，田之荒芜者居半，山之砍伐者已尽，鱼盐无贸易之通，居民鲜网罟之利，

---

① 王赛时：《山东沿海开发史》，齐鲁书社，2005，第 232～242 页。
② 同治十一年《即墨县志》卷一《疆域》引许铤志文。
③ 同治十一年《即墨县志》卷一《疆域》引万历七年知莱州府事罗潮序。
④ 同治十一年《即墨县志》卷十《艺文》，许铤《即墨县图说》。

是以海滨之疲邑也。①

先是，墨邑海错山薮，雄于地方，大耕水耨，岁入颇丰，无讼狱之烦，催科之扰。以故民富而乐，俗厚而侈。……今讼狱既烦，催科日扰，山海利微，田园荒芜。其民日逃日瘁而日以敝，终岁愁苦，饥寒不免。②

日益凋敝的生活境况迫使人们寻找新的出路，而远离区域行政中心和交通不便的崂山，三面向海，气候温润，岩谷幽深，优越的自然环境孕育了各种动植物资源，造化了丰厚的珍奇异产③，成为自发移民的乐土。考之崂山沿海渔村的人口来源，土著甚少，除洪武、永乐年间的卫所移民外，大多是明清两代由即墨平原地带迁入的移民，正如明代黄宗昌《崂山志》所说："天地以养人为德，而崂山实佐之以利，彼无所资，而入山之深，朝往则暮获，以来藏于肆出于市，累累者崂之泽也。即如斩荆束楚，孰不待以举火者，崂不受山虞之禁世相沿，樵采无扞，而日往月来，新故相仍，

---

① 万历《即墨县志》卷二《形胜》。
② 万历《即墨县志》卷二《风俗》。
③ 根据明万历黄宗昌《崂山志》、清同治《即墨县志》和民国周至元《崂山志》所载，崂山物产丰富，种类繁多，且珍奇备出：家畜有马、骡、驴、牛、羊、豕、犬、猫，而尤以骡驴较多，乃山径崎岖，荷柴负重，力能致远之故；禽类，野禽有鹳、鸧、寒号、雉、鹰、鹊、雁、燕、鸠、鹆、皂雕、戴胜、鸧鹒、鹭鸶、䳺、鹈鸪、蝙蝠、鹌鹑、布谷、松鸡、鸦、啄木、练雀、蜡嘴、鸢、鸥、凫等，家禽主要是鸡和鹅；虫类主要有蜂、蝉、蜥蜴、蜻蜓、蟋蟀、蝎、蛙、螳螂、蚕、蛇等；鱼类主要有仙胎、梭、鲳、鳖、鲅、银刀、石首、黄花、黄姑、比目、加级、荞化、鳞、针鱼、青鱼、春鱼、河豚子、鲇、蛸、墨鱼、鲻、鲈、开目鱼、鳗、鱿鱼、鲫、水母、海参等；介类主要有西施舌、鲍鱼、蛏、螺、龟、鳖、蟹、蛎、贝、蛤、琵琶虾等；谷类有麦、粱、粟、稷、豆、玉蜀黍、稻、薏苡、芝麻等；蔬类，除常见的葱、韭、蒜、薤、芥、芹、姜、茄、番薯、瓠、菠菜、萝卜、山药等，还有独特的石虎皮、石芝、葛仙米、凤头菜、蕨、龙须菜、石花菜等；瓜果尤为盛产，瓜类主要有西瓜、北瓜、南瓜、冬瓜、黄瓜、绞瓜、拉瓜、丝瓜、梢瓜、倭瓜、面瓜、甜瓜等，果类繁多，有梨、桃、杏、李、樱桃、枣、柿、栗、胡桃、银杏、杏梅、李梅、花红、文官果、葡萄、石榴、山楂等十数种；花草有耐冬、牡丹、玉兰、杜鹃、桂、栀子、蜡梅、蔷薇、茉莉、丁香、玫瑰、绣球、映山红、莲、书带草、夏枯草等数十种；木类主要有松、柏、桧、椿、楸、梧桐、榆、桑、杨、柳、棠、皂角、竹；等等；草药类，为崂山盛产，不下百种，而尤以半夏、红花、紫草、桔梗、柴胡、沙参、苍术、南星为多。矿石主要有金、铁、白土、花岗岩、海绿石、试金石、五色石、墨晶等。另有杂产五灵脂、蛤粉、牡蛎、石决明、寒水石、朴硝、海浮石等。

操斧斤者未闻其穷于薪也。"[1]

丰厚的山海资源，为崂山诸村的发端与拓殖提供了多样的生存空间。规模较大、地位较突出的有麦岛、石老人、姜哥庄、沙子口、登瀛、青山、黄山、雕龙嘴、王哥庄等，这些滨海村落"附山者贩柴炭采药物以为生，附海者捕鱼虾拾蛤蜊以糊口"[2]，与胶东半岛其他沿海村落相似，也形成了典型的半渔半农经济形态。

（一）靠海吃海

山东沿海远浅，距陆地达 50 里，水深不出百尺，冬季又不结冰，为底栖鱼类洄游之所。各种鱼类，或栖息于山东外海，或本繁殖于东海、南海，每至产卵洄游时期，成群结队，各自栖息地点出发，经由山东半岛、天津、营口、旅顺、大连、安东外海，最后率领子鱼返回其原来栖息场所，故掖县、黄县、福山、烟台、宁海州、威海卫、荣成、文登、海阳、即墨、胶州、诸城、日照等地沿岸和外海，无一而非渔场。[3] 崂山海域正当这一渔区，海岸线长而曲折，沿岸滩涂和近海水体活跃，且有季节性河流入海，近海水域肥沃，气候适宜，具备海洋生物生长繁殖的优良条件，而且地貌和底质类型多变，适合不同的鱼类、虾类、贝类、藻类生长，渔业资源多样性程度很高，明清时期仅春秋两季到崂山海域产卵索饵的鱼类就有近百种。万历《即墨县志》卷二"地理·山川"曾这样描述崂山南部海口春天渔季的繁忙：

> 三月后，土人在此行船筏捕鱼，海岸葺庐舍，市鱼者车相辐辏，至五月终止。杜为栋为诗："钓鳌东海月常悬，鳌在应将香饵吞。试看董湾春雨过，家家渔火夜忘眠。"[4]

根据明万历黄宗昌《崂山志》、清同治《即墨县志》和民国周至元《崂

---

① （明）黄宗昌：《崂山志》卷六，"物产"。
② （清）周毓真：《山海图记》，光绪《崂山续志》卷首，"图考"。
③ 张玉法：《中国现代化的区域研究：山东省，1860 – 1916》，台湾"中研院"近代史研究所，1987，第 39 页。
④ 万历《即墨县志》卷二，"地理·山川"。

山志》所载，崂山的海产品有四五十种，仅所用网具，就有圆网、袖网、流网、曳网及杂鱼绳钓等，不同的渔具适用捕获不同的鱼类。① 种类繁多的海产品中，尤以鲅鱼、刀鱼、黄花、青鱼、老板鱼、黄姑、墨鱼等鱼类为最多。大抵捕鱼之期，春以谷雨，秋以白露为最盛。盖春暖则鱼自南来，秋凉则鱼由北归耳。海滨居民，以渔为业者十居八九。②

围绕着渔业生产和交易，崂山渔区又形成了两个区域性的贸易中心：一个以崂山南部的沙子口湾为中心，包括周边的沙子口、姜哥庄、登瀛等村镇；另一个以崂山东部的王哥庄湾为中心，包括周边的王哥庄、雕龙嘴、会场等村镇。这两个区域贸易中心，分别成为崂山南部和东部林果与海产品的集散地，构成小型市场网络。

沙子口贸易中心，以沙子口湾为汇聚点，还包括登窑口和董家湾。同治《即墨县志》卷四"武备志·营讯"记载：

> 登窑口，在劳山南头，本捕鱼之口，非戍守要地，因人烟辐辏，贼船昔曾犯抢，遂设兵防之；董家湾，距登窑口十里，亦海滨市镇，可容船偶泊回避。③

登窑即"登瀛"，登窑口即登瀛湾，在沙子口湾以东。董家湾在沙子口湾以南，包括南窑半岛、大小福岛和沙子口湾东南半岛之间的海域。④ 沙子口湾的贸易吸纳了周边数十个渔村，其中尤以姜哥庄、沙子口和登瀛最为活跃。1899 年，德国人海因里希·谋乐在《山东德邑村镇志》中介绍这几处村镇：

---

① 据周至元《崂山志》卷五"物产志·动物"所载，"其取鱼之具，有圆网，以捕刀鱼（即带鱼）为主。长八十尺，竖五十尺，网目正方，口一寸六七，上系浮标，下坠以石。每一潮汐，可下网一二十次。捕鱼期，以三月至五月。有袖网，以捕虾及杂鱼为主。长五十四尺，竖十八尺。网目正方，寸五分。其腹部目渐小，下附网囊，形如衣袖，四角支之以竿，安置海中，使囊口迎潮。鱼入囊中，即不得出。一船而置二十余网。渔期自二月至六月。有流网以捕春鱼、青鱼、鲥鱼为主，长八十尺，竖三十尺，下系浮标，坠之以瓦。网目正方，寸二分。夕投朝收。宜用于深洋。渔期三月至五月。有曳网，以捕翅鱼、鳓鱼为主，渔期与流网同"。

② 周至元：《崂山志》卷五，"物产志·动物"，齐鲁书社，1993，第 179 页。

③ 同治《即墨县志》卷四，"武备志·营讯"。

④ 李玉尚：《崂山沙子口湾海庙和天后宫的变迁》，《民俗研究》2008 年第 2 期。

姜哥庄　姜是姓，这个村子有 3000 人。这是一座以拥有许多织布机而著称的大村庄。另外鱼的贸易互市很重要；完全是一个活力充沛之地。东南面的海湾旁有一座可爱的小港，在岬角上有一座古老的工事，其北在崂山港有一座海庙。

沙子口　沙子口之意为"沙码头或港口"。是一个在沙丘上建立的小贸易场所。这里有几处是很好的货栈，水果和木材由此输出。收获季节这里交通繁忙。

登窑港　其居住区就是后来被称为登窑的登陆场地。到处是塌了的货栈、贫穷的小商贩和守房子的人。在湾内常可看到大雁和野鸭。①

文中所说的姜哥庄②，建村于明初，早先的姜哥庄，背山临流、沟池环布、林木遍被，桑、柘、柳、榆、樗，密密匝匝、郁郁葱葱。村内的房前屋后，也耸立着株株粗大的槐树、榆树、楸树、梧桐、柳树等。光绪年间曾任登州府儒学教谕的姜哥庄人王经元，写诗歌咏当年的情景："村周郁郁桑柘荫，日暮百鸟摆歌阵。甘薯伸蔓渔收网，王、曲爷们共乐春。"③ 由此可见当年村民们农、林、渔兼业的状况。据《崂山村落·姜哥庄》记载，姜哥庄的先民开始涉海生活时，尚不会造船，只能把山上砍伐下来的圆木截头去尾，用山葛子捆绑成排筏，摇着筏子出去打"圆网"。与前述鱼汛相一致，姜哥庄的渔民们于清明前后开始远洋放流网，夏季休渔务农，秋风起时再载着一船船的梨果南下江苏、浙江等地，回程就载着大米、豆子、食油以及江浙土特产等。当地流传着两句口语："东崖的挂网南头的方，崖下的舵把子没有个档。""东崖"指东姜村，他们善于在近海张挂网捕虾子；"南头"指南姜，他们挂坛子方网很在行；"崖下"指的是北姜和西姜，他们长于远洋流网捕捞，有高明的舵手。④

---

① 青岛市档案馆编《胶澳租界地经济与社会发展——1897～1914 年档案史料选编》，中国文史出版社，2004，第 389～390 页。
② 1961 年 3 月，姜哥庄被划为东姜、西姜、南姜、北姜四个生产大队（行政村），是方圆 20 公里以内最大的村落。
③ 青岛市崂山区政协编《崂山村落·姜哥庄》，中国文史出版社，2007，第 151 页。
④ 青岛市崂山区政协编《崂山村落·姜哥庄》，中国文史出版社，2007，第 146 页。

沙子口毗连姜哥庄，在其东北。沙子口建村较晚，直至同治年间，伴随着果产和渔业交易，才逐渐发展起来：

> 相传，清同治年间，该处盛产梨，口里人（胶州湾沿岸的人）往来卖鱼购梨。董家埠的董德信和张村的王吉同先来定膳。后商客增多，遂成村落。该处是南九水河的入海口，能停泊船只。海岸及滩涂全是细沙，故名沙子口。①

最先到沙子口定居的是从周边村落董家埠和张村迁来的村民，后又有段、曲、李等姓氏的人搬来，逐渐形成村落。据《崂山村落·沙子口村》描述，当时沙子口周边一二十里遍栽梨树，春天梨花竞放雪白一片，秋天果实累累梨香四溢，引得各地客商纷纷前来购买，最远销往江浙一带。在窝梨市场的带动下，商行发展很快，义丰裕、永春栈、昶昌顺、同茂、仁和祥、慎和诚、顺春永、丰泰永等相继开张，达 15 家之多。每年处暑之后，南方的货船云集海港，岸上大车拉、小车推、驴驮、人扛，高峰期每天成交窝梨数十万斤。窝梨市场的兴旺促进了渔业市场的发展，即墨、胶县、黄县、成山头、威海、赣榆的渔船相继而来，周边的石湾、姜哥庄等村落的渔船更是繁忙。不仅鲜鱼市场兴隆，腌鱼的渔行也迅速兴起，当时有大鱼池 400 余个，腌制的鲅鱼、白鳞鱼等远销外地。海中珍品海参、鲍鱼也很多，崂山特产的西施舌、仙胎鱼其他地方更是罕见。②

沙子口作为山东半岛南部沿海果品和水产品交易中心，即便是青岛开埠后相当长一段时间内，仍然在区域贸易网络中起着举足轻重的作用，周至元《崂山志》评价沙子口称：

> 距青岛六十里，港湾深阔，能容多舟，为滨海重要市镇。凡山西一带之鱼果，悉于此为销售所。火梨、冰桃、金鳞、银刀之属，箱装篓载，堆积如山。③

---

① 转引自李玉尚《崂山沙子口湾海庙和天后宫的变迁》，《民俗研究》2008 年第 2 期。
② 青岛市崂山区政协编《崂山村落·沙子口村》，中国文史出版社，2006，第 133 页。
③ 周至元：《崂山志》卷一，"方舆志·港湾"，齐鲁书社，1993，第 6 页。

自沙子口再往东是登窑（登瀛）。光绪黄肇颚《崂山续志》载：

> 登窑三面环山，南临大海，膏壤千亩，居民七百余户，有老死不
> 知城市者。……登窑旧有口岸，设琥弁，为胶州汛地。盖自古设为海
> 防，以备不虞。嘉庆间海寇登岸，劫掠居民，则海防之驰久矣。秋间
> 椒、梨熟时，渔筏之外，船舶捆载，与江南通贸易，视昔之淳朴风会，
> 亦渐开矣。①

沙子口兴起之前，登窑口也有繁忙的贸易，随着沙子口果品和水产品
集散中心地位的形成，登窑口的贸易便逐渐衰败了。青岛开埠后，关于登
窑，更多的是"登窑梨雪"的意象。登窑平野数百亩遍植梨树，暮春花放
时节，望之如万顷雪海，素有"登窑梨雪"之美称，明代程克勤诗："险巇
过来峰渐平，忽闻鸡犬两三声。临歧不辨东西路，问柳寻花自在行。"民国
周至元诗："山渐崒崒径渐斜，一片白云入紫霞。万树梨花千顷雪，不知花
里有人家。"② 这些诗描绘的都是登窑梨花怒放时的美景。

崂山东部海岸的商品集散地以王哥庄为中心。王哥庄，又名太平村，
乃崂东一大市镇：

> 凡崂东所出土产，多集于此，而尤以木柴、药材、鱼虾为大宗。
> 每值晨曦初上，市语与潮声相乱，觉别有风光。黄守绀《王哥庄早起
> 诗》："向晨起视月横斜，活火风炉试煮茶。小市东风人语闹，筠篮新
> 上琵琶虾。"黄含昀诗："薄暮山凝紫，投林众鸟喧。游人欣有托，樵
> 客澹忘言。海近潮同枕，庭宽月满轩。兴来沽村酒，竹里倒芳樽。"③

王哥庄吸纳了周边众村落的农林渔产品，形成了一个相对独立的区域
贸易中心。但从历代志书来看，由于交通、区位等因素，它在即墨乃至后
来青岛的贸易网络中，其地位不如沙子口湾重要。

上述各滨海村镇在明清两代的渐趋繁荣，得益于渔、农兼业的经济形

① 黄肇颚：《崂山续志》卷五，"分志·登窑"，即墨市档案馆藏宣统三年手抄本。
② 周至元：《崂山志》卷一，"方舆志·村市"，齐鲁书社，1993，第 10 页。
③ 周至元：《崂山志》卷一，"方舆志·村市"，齐鲁书社，1993，第 11 页。

态。海上作业极为艰辛，又充满风险，存在风暴、海上碰撞以及匪盗等因素，不仅会使船网受损，甚至会危及生命，而收益又往往不稳定，因此，农业在渔村中占有重要的地位。

（二）靠山吃山

崂山依山傍海，虽风景如画，但土壤稀薄，可耕地少，不利于粮食作物大面积种植，村民便充分利用山地空隙种植番薯，栽植果树。周至元《崂山志》称，诸村始有耕而稼者，皆以番薯为主：

> 番薯，俗名甘薯，为山民主要食品。清乾隆初，闽人自吕宋携种来，始繁殖焉。有芽瓜、蔓瓜之分。土质适宜，山腰岭巅但有弓地，即种植之。秋日收之，切作干，厚二三分，曝干收藏，用作一年糇粮。肥大而甘，为他处所不及。①

山中谚语"收了甘薯，吃的不怕"，说的也是山民们利用空隙地栽种番薯，收而曝干，供一岁之食的状况。

果树种类繁多，即便一种水果，又有不同品类之分，以梨、樱桃和葡萄为例：

> 梨　为山之主果，有秋白、洋梨、恩梨、平梨、凹洼梨数种。洋梨，柔软多浆。恩梨，甘而无滓。秋白，不如二者，惟如法贮藏，可经久不腐。山中诸地，随处皆植，而尤以登窑、华阴诸村梨林最盛。春日花时，皑如白雪，真胜观也。
>
> 樱桃　有家樱、山樱两种。南九水植者最多。家樱味甘，山樱微酸。其大者名樱珠，尤肉丰水多。
>
> 葡萄　有羊乳、玛瑙、水晶、枝上干诸品，而尤以玛瑙葡萄最佳。蒸而曝之，可以作干。②

----

① 周至元：《崂山志》卷五，"物产志·植物"，齐鲁书社，1993，第180～181页。
② 周至元：《崂山志》卷五，"物产志·植物"，齐鲁书社，1993，第182～183页。

　　除了种植番薯与栽培果树，砍伐山木是村民们另一种重要的生计手段。崂山古时植被茂密，森林覆盖率较高，木材丰富，用途广泛，房屋建筑、家具制作、日常燃料等多取材于山木。此外，山民们还曾用崂山松熏制烟黑，销往江南，用作制墨原料。从有些村落的名称也可以看出，砍伐山木是村民重要的谋生手段，比如"西麦窑村"和"登瀛村"。《崂山村落》是这样解释其名称由来的：

　　　　崂山原本布满密密麻麻的檀木、楸树、松树以及栎、柞、槐、柳等高大乔木和芃芃乱草。大约到了五代十国以后，一些逃避战乱的人们陆续流落到这里，以伐木烧炭维持生计。到了文化鼎盛的两宋时期，他们又建造了许多熏制松烟的窑，砍伐崂山松等树木，将熏制出的烟黑运到江浙一带制墨，山上的乔木几乎伐净，崂山松也所剩无几。后来崂山的庙宇逐渐增多，道士们护卫山林，严禁采伐。而那些烧窑的人又别无长技，被迫渐次离去。到明朝万历年间，当唐氏先祖唐本立、唐仁等从王哥庄街道青山村迁此立村时，见到这里到处是被烟熏得像墨一样漆黑的残窑废址，遂将这里称为"墨窑"。由于崂山方言"墨"和"麦"发音相同，到了近代，逐渐将"墨"写作"麦"，久而久之即成了"麦窑"。为区别东边的麦窑村，而取名"西麦窑"村。①

　　"登瀛村"的名字也和伐木烧炭相关，该村地处崂山脚下，早先这里也是遍布檀、柞、楸、枫等林木，先民们曾在这里伐树烧炭。后来因檀木伐净，其他木材烧制的炭在质量上无法与之媲美，遂弃置炭窑迁居别地。当王姓和李姓先祖迁来时，见这里遍布炭窑，而自己跋涉来此不易，遂将居处定名为"登窑"。②

　　在自然经济条件下，这种半渔半农的经济形态能够在歉收时起到互为补充的作用，从一些流行谚语中，我们可以感受到这种经济形态的优越性：

---

① 青岛市崂山区政协编《崂山村落·西麦窑村》，中国文史出版社，2006，第 108 页。
② 20 世纪 30 年代沈鸿烈主政青岛时，为了兴办学校和开发崂山建梯子石，根据这里曾是徐福为秦始皇求不死药而伐木造船之地的传说，故改"登窑"为"登瀛"。参见青岛市崂山区政协编《崂山村落·西麦窑村》，中国文史出版社，2006，第 126～127 页。

> 提竹筐，入深山，采得山药好卖钱。
>
> 男砍樵，女经缝，小儿上山拾松笼。
>
> ……
>
> 崂山之宝有三样：墨晶、绿石、崂山杖。
>
> 新媳妇，携小孩，拾蛤蜊，到海崖，潮雾湿透红缎鞋。
>
> 谷雨下网打鲅鱼，鲅鱼网里带林刀。①

这种渔农互补的方式，形成了"大旱不旱，大减不减"的优越劳作条件，有利于人口的不断繁衍，正所谓"原田每每，林木交翳，椒条繁郁，桑柘多荫，枣之纂纂，木之榛榛，丛菀而荡胸。昔人谓沃土之民淫，崂山多百岁人，虽草木之年，岂非其食腴而视淡哉"。② 经过明清两代，崂山已有大小村落二百多处，村庄规模也由最初的三两户增至数百户，周至元云：

> 山中在明时，人烟甚少，王哥庄不过十余家，见《九游记》。青山村只有二三家，今二村皆繁衍至数百户。三百年中，人事变更，一至于此，亦可惊矣。③

不过，向山海讨生活并不容易，据《崂山村落》记载，大多数村落在刚刚定居崂山时，既要垒墙造屋，辟土造田，采石伐木，又要对付自然灾害，防范野兽侵袭，还要学习海上作业技能，生活非常艰苦。开荒拓地、犁海垦山的创业过程，培育了崂山居民吃苦耐劳的品格和坚韧超拔的精神，也形成了"千难万难，不离崂山"的区域文化认同。

"千难万难，不离崂山"是传承至今、妇孺皆诵的民间谚语，它不仅是传统自然经济下安土重迁的表达，也是民众对崂山半渔半农经济形态的认

---

① 周至元：《崂山志》卷一，"方舆志·风俗"，齐鲁书社，1993，第 15 页。林刀即带鱼，又称刀鱼。

② （明）高出：《崂山记》，参见（明）黄宗昌《崂山志》卷八，"游观"，即墨黄敦复堂排印，1916 年 10 月版，第 34 页。

③ 周至元：《崂山志》卷八，"志余·轶事"，齐鲁书社，1993，第 337 页。《九游记》乃明代高弘图所作，收在黄宗昌《崂山志·游观》中。

可与依赖。这种依赖渐渐衍化为一种安适自足的生存方式和生活观念，为崂山村落提供了文学想象空间。自明及清，到访的文人墨客常常给予这些村落充满诗意的描画。比如雕龙嘴村，程克勤诗："依山傍海两三家，不种榆桑不种麻。日落潮生孤艇入，儿童折柳贯鱼虾。"[1] 林钟柱五言诗："一碧茫无际，横空波浪悬。身前仅有地，眼外竟无天。风急帆樯没，沙平与屿连。不知徐福去，是否返楼船。"[2] 李佐贤诗："几处山家聚一村，渔樵生计自朝昏。西山爽气晨开牖，东海潮声夜打门。"[3] 张祥生诗："青山细滩接碧浪，天海一色染大荒。烟波扁舟急摇橹，抢捕银鱼撒网忙。红衫妇，绿裤娘，赤足绾裙拉牵纲。俚调号子声声里，家家分鱼扛笭筐。"[4] 这些都描绘了此村三面环山，东临大海，巨石作堵，涛响盈门，绿竹苍松，悠然绝尘的画境。

又如青山村，此村人家数百户，就山势高下而结庐，自远望之，重叠如层楼复阁，加以古松异卉，点缀其间，宛然丹青一幅。地无可耕稼处，居民以渔樵为生。世事无间，尘寰远隔，犹如白云之乡。江如瑛《青山道中诗》云："不减山阴道，纡回一径通。海连松涧碧，叶落草桥红。鸥队闲云外，人家乱石中。居民浑太古，十室半渔翁。"周思璇诗云："人家不一处，庐结傍岩峦。石乱涧声急，松多岚气寒。负薪来谷口，采药上云端。长啸四山响，悠然天地宽。"[5]

简言之，清末之前，由于海洋渔业对于国家财富无关紧要，沿海长期处于边陲地带以及种种海疆政策的限制，近海渔业资源的开发一直处在自发阶段，从事海洋捕捞的人数也很有限。因此，传统时代渔民仅在旺汛季节（阴历三月至五月）进行作业，就较易满足一年生活之需。[6] 尤其是

---

① 程克勤：《过钓龙嘴村》，参见周至元《崂山志》，齐鲁书社，1993，第 331 页。
② 林钟柱：《雕龙嘴望海》，参见青岛市崂山区政协编《崂山村落·雕龙嘴村》，中国文史出版社，2006，第 210 页。
③ 周至元：《崂山志》卷一，"方舆志·村市"，齐鲁书社，1993，第 11 页。
④ 张祥生：《鹧鸪天·刁龙嘴海滩看村民捕鱼》，参见青岛市崂山文化研究会编《崂山餐霞诗选》，中国海洋大学出版社，2005，第 208 页。
⑤ 周至元：《崂山志》卷一，"方舆志·村市"，齐鲁书社，1993，第 12 页。
⑥ 李玉尚：《海有丰歉：黄渤海的鱼类与环境变迁（1368～1958）》，上海交通大学出版社，2011，第 63 页。

道光至民国初年，渔业免税，鱼类旺产，加上农业经济的补充，这一时期遂成为渔村繁荣的黄金时期。但即便如此，渔村依然困苦不堪，渔民出海捕捞，成本较大，如果经常出现歉收，则资本不给，甚至无以维生。因此，农渔结合是渔村应对荒海之年的最佳经济形态。明、清、民国时期，甚至是1950年之后，半渔半农都是沿海地区绝大多数渔村的基本形态。

二 渐趋衰退的渔业生产（1898～1949年）

清末之后，沿海渔村的变化主要来自三个方面的影响：一是国家渔业垄断政策，二是日本渔侵，三是城市化进程。就全国而言，海洋渔业资源不仅可以为人口提供动物蛋白，为工业提供多种工业原料，还可以积累建设资金，甚至出口。清末以后，面临实现现代化的资金压力，海洋渔业资源显得重要起来。从清末开始，国家试图垄断渔业，当时国家实现专营的途径主要有二：一是通过成立归国家或省直属的渔业公司，开发渔业资源；二是通过制度设计，将劳动力集中起来，通过延长出海时间、增加捕捞强度和改进捕捞技术等手段，过度开发渔业资源。与此同时，统一的鱼价和运销体系，不断增长的产量，并没有给渔民带来同步的收益增长，那些增加的利润，被源源不断地输送给现代化建设。从清末直到20世纪50年代，机械化的设备并没有在群众渔业中实现；相反，渔民依然使用传统时代的船网，通过增加劳动和风险，实现了产量和利润的增加。[1] 但对于崂山而言，更主要的影响因素则在于青岛开埠和日本渔侵。

（一）半渔半农经济形态的变化

1898年青岛开埠以后，随着农事试验、推广良种和培植森林等举措，崂山半渔半农的传统渔村经济渐渐被纳入城市体系当中，农林品类和结构均发生了很大变化。

1. 农林经济改良

青岛开埠初期，各渔村占有土地情况见表1。

---

[1] 李玉尚：《海有丰歉：黄渤海的鱼类与环境变迁（1368～1958）》，上海交通大学出版社，2011，第63～64页。

表 1 青岛开埠初期崂山各渔村占有土地情况

单位：人，亩

村 落	人口	成人	占有地
1. 登窑（包括南窑和登窑湾）	2379	1614	2500
2. 董家埠	520	380	150
3. 段家埠	809	626	300
4. 戴家埠	83	59	100
5. 于哥庄	430	323	300
6. 松山后	248	169	60
7. 小崂山	261	208	150
8. 石老人	754	550	300
9. 野猪庄	400	310	150
10. 仲家沟	156	137	100
11. 朱家洼	489	261	500
12. 午山	1000	691	120
13. 金家岭	379	294	130
14. 山东头	566	410	250
合 计	8474	6032	5110

资料来源：青岛市档案馆编《青岛开埠十七年——〈胶澳发展备忘录〉全译》，中国档案出版社，2007，第 234 页。

如表 1 所示，平均每人占有耕地 0.6 亩，每个男性户主占有耕地 1.69 亩（成年男子与成年女子的数目相差不大）。占有的土地实在太少，要使一家数口过上富足的生活是相当困难的。

青岛开埠后，随着历届市政当局农林政策的推广，崂山的传统农林业出现了几个大的变化，其中影响最大的，一是果树等农产的品种改良，二是森林的培植与保护。

青岛的果树栽培主要集中在崂山，崂山果树栽植历史悠久，品类繁多，主要有梨、桃、杏、李、樱桃、枣、柿、栗、胡桃、银杏、杏梅、李梅、花红果、文官果、葡萄、石榴、山楂等十数种。不过，德国人租借胶澳后，虽然欣赏中国人栽培果树的勤奋和细心，却很不喜欢这里的水果品种：

这里的人们精心从事果树栽培，中国人都是天生的园丁，每个村子旁的果园，从管护到树冠整枝堪称典范。结的果子却甚为低劣。中国人虽然也长于嫁接，但接的枝芽也总是低劣品种。①

德国人的评价和方志所载出入甚大，黄宗昌《崂山志》卷六"物产·果实"记载，"杏有数十种，惟银榛杏为上，及其熟，色微有淡红……其水盈口而甘香……次白杏……设诸几，香气袭人"。文官果"味清香，果中之雅品"，枣"有脆枣，老人亦能咀嚼，甘且甚"。② 又如周至元《崂山志》所记，梨有数种，或"柔软多浆"，或"甘而无滓"；桃"亦有数种，而蜜桃为最甜而有津，乃果中异味"；樱桃"有家樱、山樱两种。南九水植者最多。家樱味甘，山樱微酸。其大者名樱珠，尤肉丰水多"；苹果"其香清，可作几上之供，善藏者，至来春如新"；等等。③

品类丰富、口感尚佳的本地水果，在德国人看来却甚为"低劣"。究其原因，主要还是产量相对较低，而且果味和口感不符合他们的习惯。因此，自青岛开埠伊始，德国殖民当局便孜孜以求果树改良问题。1900 年，德国人开始在植物园试种本地水果和葡萄，1901 年，开始试种德国和加利福尼亚的果树品种，1902 年，在林业管理部门指导下，在租借地的 13 个村庄中，用大约 2000 个接穗嫁接的 659 棵树取得了成功，并对沙子口果树试验站的果树进行全部嫁接，同时扩种了一批德国果树树苗。1906 年，德国人对植物园的果园苗圃进行了扩建，栽培了大量新品种。果树栽培的重点除培植较幼龄的果树树本和品种果树外，还在于获取嫁接用枝芽。此后，每年都会引进一些德国、美国或日本的果树品种。对果树品种改良，乡民们表现出了令人惊讶的迅速的理解力。1905 年，第一批经嫁接改良而生产的水果上市。④

根据李村区公所的统计，1906 年租借地内主要水果产量和价格如表 2 所示。

---

① 青岛市档案馆编《青岛开埠十七年——〈胶澳发展备忘录〉全译》，中国档案出版社，2007，第 211 页。
② （明）黄宗昌：《崂山志》卷六，"物产·果实"。
③ 周至元：《崂山志》卷五，"物产志·植物"，齐鲁书社，1993，第 182~183 页。
④ 青岛市档案馆编《青岛开埠十七年——〈胶澳发展备忘录〉全译》，中国档案出版社，2007，第 449~450 页。

表 2　青岛租借地内主要水果产量和价格情况（1906 年）

水果品种	产量（斤）	价格（小吊）
中国苹果	1267400	140
德国嫁接苹果	9700	340
中国梨	1780560	80
德国嫁接梨	4300	180
葡萄	39420	

注：100 斤 = 1 担 = 60.5 公斤；1 小吊 ≈ 1/8 芬尼。

资料来源：青岛市档案馆编《青岛开埠十七年——〈胶澳发展备忘录〉全译》，中国档案出版社，2007，第 450 页。

从水果产量和价格可以看出，嫁接改良果树具有广阔前景。水果销售有三个条件是非常重要的：外形好看、味道好吃、经得起倒运。德国嫁接水果在这三方面都优于中国土生水果，所以价格也就高出了许多。通过数次试验，德国殖民当局确定了各种果树最适宜的培育方法，也选定了适合租借地气候的果树品种，同时还达到了一个主要目的，即创造了适合运输、味道可口、可以长期储藏的品种。①

经过数年努力，德国殖民当局先后采集德国及美国加利福尼亚的各种果树 73 种，苹果树 78 种，适合青岛土质、气候的梨树 8 种，苹果树 11 种，樱桃树 48 种，青岛的农果结构骤然改观。② 不过，这一时期的果树品种改良以及病虫害防治都还处在试验、试种的初级阶段，真正形成规模则是在第一次日占青岛时期，1917 年，日本人将前青岛德华学堂农林科设在李村的实习地改为农事试验场，继续进行农业技术试验与品种改良。1922 年中国政府收回青岛后，成立胶澳农林事务所，农林改良又获进一步拓展。此时李村农事试验场已渐具规模，农场事务分技术、推广两项。技术方面又分耕种和畜牧两项，推广方面，致力于发行"农业浅说"（每月两期，用以劝农增广见识）、举行展览会、调查农业状况、提供配种服务等。③ 至 20 世纪 30 年代初，青岛市农林事务所依托李村农事试验场，在各乡区都设了农

① 青岛市档案馆编《青岛开埠十七年——〈胶澳发展备忘录〉全译》，中国档案出版社，2007，第 450～451 页。
② 民国《胶澳志》卷一，"沿革志二·德人租借始末"，1968，第 21 页。
③ 民国《胶澳志》卷五，"食货志一·农业"，1968，第 11～13 页。

业推广试验区，分果树、蔬菜及农作物三部分，进一步推广优良种苗及指导经营技术。①

在原有基础上，经过数年发展，崂山果产收益日丰，"年来经农林事务所免费发果苗，一方指导栽培管理技术，积极提倡后，尤多进展，普通果园概在山间倾斜地。其中栽培最广者为梨树，全市约有 8.4 万株，全年产量约 42 万市担，价值约在 60 万元，故其收获之丰凶，足以影响一般农民之生计。每届秋期，商贩集中于沧口及沙子口二处，由帆船运输于上海、大连各地"②。果树改良不仅为乡民带来了直接经济收益，也培育了和水果相关的消费文化，比如沙子口登瀛一带，"梨园多在山间之处，每值梨花盛开，市民前往观赏者颇众，遥望山中片片白色，俨若羊群"，③ 此即崂山著名胜景之一"登瀛梨雪"。

关于林业，如前所述，砍伐山林原本是崂山民众一个重要的生计来源，却使植被遭到严重破坏。民国《胶澳志》卷五"食货志二·林业"称："崂山之阳，地沿海滨，人烟稠密，燃料愈缺，故树株难于成长。……初则罕见林迹，继以德人之奖励，居民渐知森林之为用，零星种植，亦自不少。盖地属私有，难于集合，各自保护，力不及远，其不能有大规模之经营者势使然也。"④

基于这种状况，历届市政当局对崂山的林业发展均格外重视，一方面编订保护及砍伐规则，建设苗圃，培育分配树苗，调查荒山，驱除森林虫害；另一方面创设林内义务小学校，刊行《林业浅说》，宣传植树造林的好处，同时还组织林业公会，积极鼓励民间造林。经过数十年的努力，崂山林业成就斐然，周至元《崂山志》称：

> 山中昔时对于造林不知重视，除各寺观附近有茂密林木，深山各处以任天然之生殖。自德人辟胶澳后，乃加以人工造林。官林之在崂山者，有石门山、九水庵、柳树台、北九水、蔚竹庵等处。其所植以我国之赤松、日本之墨松、柞树为主。一时民山寺观竞相仿效，穷崖

---

① 济源：《青岛乡村建设之剖视》，《都市与农村》1935 年第 3 期。
② 金嗣说：《青岛之农业》，《都市与农村》1936 年第 21、22 期。
③ 《青岛之农村》，《青岛时报》"自治周刊"1934 年 7 月 2 日、7 月 9 日。
④ 民国《胶澳志》卷五，"食货志二·林业"，1968，第 18 页。

绝谷，遍种植之。民林之最大者，首推森林公司，次为岔涧、蔚竹庵、北九水、华严寺、太清宫、上清宫等处，皆蔚然可观。我国接收后，重视倡导，并加以保护，于是林木之荟茂称极盛焉。[①]

一方面积极推进农产改良，另一方面努力经营山林，青岛开埠以后崂山农林业的现代技术取向，既涵养了水源，造就了美丽的风景，也改造了乡民的经济生活，赋予传统半渔半农经济模式以新的内容，融入与城市发展密切相关的现代农业技术体系中：

> 人之游乎青岛者，睹风景之胜，以为仙源不是过，而其初之触于目、感于心者，厥为蓊郁之森林，是知青岛之森林，迥非他处所可及，而关系于地方非浅鲜也。与林务相连者为农事，其在于青岛，虽无关于风景，然试验场设备之完善亦不数数，睹而其中畜产研究之精良，尤为国内绝无而仅有者，其于农民裨益亦大矣。[②]

2. 小规模的工商业活动

青岛开埠为崂山渔村带来的，除了农林改良外，还有一些小规模的工商业活动。

崂山地形地势复杂，社会生产也就因势而异：在崂山白沙河河谷平原地带，在东流水和水果种植非常发达的老虎山山坡地带，水果产量远远超过该区的需要；崂山居民在长着松树的山区草坡上拾得的柴草也比他们需用的燃料要多得多；人们除农业之外，还多靠捕鱼生活，其渔获在从事捕鱼的人经营的水产店中也不可能完全卖掉。与个别地区某些产品的过剩相伴的却是更多地区生活必需品的短缺。一方面是产品过剩，另一方面是供给不足，这样就不得不从事工商业活动，以互通有无，经济生活中封闭的自给自足的经济特点正在消失。当然，这些工商业活动尚未真正从农业中分离出来，几乎所有的工商业活动者同时也是土地所有者、耕种者或捕鱼者，买卖也多是为了自己家用。"这些工商活动的范围和形式与其特点相适

---

① 周至元：《崂山志》卷五，"物产志·植物"，齐鲁书社，1993，第 185 页。
② 胶澳商埠农林事务所刊印《农林特刊》序，1925。

应：总是小型的，手工业式的，根本就不雇佣伙计。"①

　　崂山的乡村交易与中国其他地方的情形大致相同，除了走村串户兜卖商品的小商贩外，最重要的互通有无的经济交流活动便是集市。崂山早在明代就形成了流亭、李村、城阳等集市（时称乡集），至晚清，沙子口、王哥庄等集市也已颇具规模。青岛开埠以后，虽然市区工商业渐趋发达，但这些市集仍在崂山乡民的经济生活中扮演着重要的角色。②

　　除了上述集市满足乡民的日用品交易外，还有其他一些和城市发展较为密切的小规模工商活动，如采石、糊火柴盒、出售崂山特产，等等。比较有影响的，主要是采石和出售崂山墨晶。崂山居民的采石活动和青岛开埠后的建筑业相关，石匠们通过开采崂山花岗岩，为青岛的城市建设提供了大量坚固美观的石材。墨晶是崂山著名特产之一，可制成眼镜，颇能养目。随着崂山游览业的推进，崂山墨晶之名也随之远播，一些崂山山民便乘机在游览路线沿途兜售。此类工商业活动是一种基于农林渔生产不均衡、乡村生活必需品交换，以及新兴城市建筑业和工商业活跃的经济活动。

（二）日渐衰退的海洋生产

　　黄渤海鱼类有较为固定的渔场与渔期。渔民根据节气和鱼群情况，将渔期分为"小海市"（惊蛰至谷雨）、"大海市"（谷雨至夏至）、"伏秋汛"（夏至至寒露）、"秋汛"（寒露至小雪）和"冬汛"（霜降至冬至）。③ 由于渔村半渔半农的经济形态、海上风险性大以及鱼类的洄游规律等，明清以来崂山渔民的捕捞时间一般是在清明至夏至。民国年间，渔期延长，春汛之外，秋汛也发展起来，民国《胶澳志》卷五"食货志·渔业"记载：

　　　　胶澳渔区内湾以阴岛（今红岛）为根据，外海以沙子口为集汇。胶州湾内水浅多滩，鱼之种类及食味亦不如外海之丰美，大都属航船（舢板）之兼业，其行渔期约分春秋两汛，春汛在阴历三月中旬至五月

① 青岛市档案馆编《青岛开埠十七年——〈胶澳发展备忘录〉全译》，中国档案出版社，2007，第233~234页。
② 民国《胶澳志》卷八，"建置志六·市厘"，1968，第67页。
③ 中华人民共和国水产部办公厅编《水产工作概况》，科学技术出版社，1959，第551页；《新编胶南县志》，新华出版社，1991，第147页。

中旬，以投网为主，秋汛在阴历六月下旬至九月上旬，以曳网为主。介贝之属则沿海随时可采，尤以女姑、双埠一带为富。潮退时滨海妇孺即往采取，惟冬令较少耳。外海渔区以沙子口姜哥庄为中心，东越八仙墩而达千里岛，南抵搭连岛水灵山岛，近则沿岸或相距六七十海里。洋远水深，鱼类较富，渔期亦分两汛。春汛自正月中旬至五月中旬，而以四月为最；秋汛自九月上旬至十二月十旬，而以九月为多。春多用网，秋多用钓。春汛之末期，大舟辄逐鱼群而向海州，渔竣乃返，返则以贩运水果为事。①

文中所说的"外海渔区"，包括北起千里岛、南至水灵山岛的广阔海域，崂山海域正在这一区域内。每值鱼汛，"渔民对于洄游的鱼类，初则迎头兜捕，继则追踪跟寻，常有丰富之收获"②。

青岛开埠以后，尤其是随着日本人的到来，渔业市场全被日本人操纵，价格任其左右，他们的生计就非常艰辛了。据李士豪、屈若搴在《中国渔业史》中所述，日本自明治三十八年（1905 年）轮船拖网传入后，因与沿海渔业发生重大冲突，乃于 1911 年制定取缔规则，划定禁渔区域，即划定日本沿海一定区域内，不准渔轮曳网捕鱼，于是此种渔业不得不向远方探索渔场。1914 年又扩大禁渔区域，其捕鱼地点，不得在"东经一百三十度以东朝鲜沿岸禁止区域以内"，这样无形中即以渤海、黄海为其渔轮捕鱼之唯一区域。此外，日本当局还极力奖励汽船手缲网向外发展，遂使我国沿海几乎成为其独占渔区。而华北与日本相距甚近，自旅顺、大连租于日本后，日本人即在关东设水产试验场，凡调查、试验、贩卖以及出渔黄渤两海等各项渔业经营及组织，均以关东为根据地。1914 年，日本占据青岛以后，遂有多数日本人麇集青岛捕鱼。③

1916 年 2 月，青岛渔业团体组织"青岛水产组合"成立，由日军司令部颁定"青岛水产组合规则"，先后补助津贴 2 万元，标榜"共同贩卖，相互救济"，并由日商中正、正数等筹资本约 4 万元在小港附近设置鱼市场及

---

① 民国《胶澳志》卷五，"食货志·渔业"，1968，第 32 页。
② 张玉法：《中国现代化的区域研究：山东省，1860 - 1916》，台湾"中研院"近代史研究所，1987，第 40 页。
③ 李士豪、屈若搴：《中国渔业史》（1936 年），商务印书馆，1984，第 198～199 页。

金融组合，并多以华人冒充经纪人，专司拍卖、叫价、贩运等事。中国渔民加入者，1917 年 9200 人，1918 年 8600 人。据 1916 年、1917 年、1918 年调查，"每年在鱼市场经手贩卖之额，恒十七八万元，由日本输入鱼类占五六万元，其余多属日人在青渔获之贩卖。国人贩卖五年为四万七千元，六年三万一千元，七年一万一千元。盖组合名为中日合组，实则专供日人之便利。我国渔业加入人数虽多，而获享其利益甚少"①。依托水产组合这一强大的渔业组织，青岛遂亦成为日本侵渔的根据地。民国《胶澳志》卷五"食货志·渔业"对当时日本在青岛的渔业势力记载如下：

> 日本渔人自民国三年从日军以俱来羼入我国渔场，分润其利，五年，复在海州附近发见加级鱼之大渔场，八年，日官给与补助金，俾造腹宽一丈之大型渔船七艘。于是南至海州北至成山，皆属日本渔人活动之范围矣。日人来此从事渔业大都春至秋还，船具则由水产组合代为保管，民国四五六等年，船数由一百〇八增至一百三十余艘，七年又减为九十三，人数则五年最多为五百六十一人，七年减至四百四十人（见《鲁案善后日报》）。然据十四年十月一日驻青日本总领事馆之调查，居留本埠之日人，以渔捞海藻为业者四十九人，渔业劳动者三百〇九人（见是年出版之《青岛概观》）。本年修志时专员调查现有日本渔船三十四艘，内计大型帆船三十艘，小型摩托船四艘，渔夫约三百名，常驻青岛终年从事渔业，别有外埠渔轮，逢渔期盛时驶来行渔，少时六七艘，多则十数艘。每年日人售出鱼价三十余万元，本埠销十之六七，胶济沿路销其三四，更或驶往大连销售，其数不详。②

1922 年中国政府收回青岛后，为保护本国渔民利益、抵制日本渔业势力，青岛商民曾于 1924 年另行组织了水产公会，"嗣以经办之人不得其法，竟以亏累自行取消，又有渔航联合会，亦属有名无实"③。政府方面，亦曾先后订有取缔渔业及纳照费并征收渔税等规则，嗣以长官迭更，地方多事，多未施行，致转以日本轮船为本口船，可以自由出入青岛港，中国轮船为

① 民国《胶澳志》卷五，"食货志·渔业"，1968，第 36 页。
② 民国《胶澳志》卷五，"食货志·渔业"，1968，第 33 页。
③ 民国《胶澳志》卷五，"食货志·渔业"，1968，第 36 页。

外口船，须照章报税，竟成反宾为主之势。迨 1929 年青岛特别市政府成立，虽与日方做非正式交涉，但日本人以既得权益为借口，强调应按"鲁案协定"附件第二条既得权之规定，须双方谋适当清厘之法。嗣后以政局时有更迭，终未获切实进行。至 1930 年，南京国民政府财政部取缔外国渔轮侵略之令，一时使我国商民兴奋异常，立即筹集巨资组织渔业公司，兼设立鱼市场，办理贩卖一切水产物品及渔业贷借事项。当时青岛市政府亦积极协助，凡充任日本水产组合的中国经纪人，全部退出该水产组合，对日本鱼贩间接施以取缔，日本人一时束手无策，群以为无望。然而，财政部又接着发出暂缓实行之令，日本渔业势力复得稳定。"九一八"事变后，形势突变，政府未遑顾及渔业，青岛渔业仍归日本人掌控。①

　　除了政策支持、行业组织保障外，先进的现代捕鱼技术也是日本渔业势力横行的重要因素。日本人的渔船为蒸汽船曳网、手缲网作业，能够赴远海捕鱼，1917 年时更规定新造船只需在 200 吨以上，速率 11 里，续航能力在 2000 里以上。② 其捕鱼网具和方法有绳钓、打网、升网、流网及用潜水器之别。现代化的捕鱼装备和技术大大提高了生产效率，比如绳钓捕加吉鱼，"大船用船夫三名至九名，每年所获丰者可至七千元，小型船亦可获二千元"。又如春鱼流网，"先只有我国人经营，民国五年由日本香川招来渔户试渔，所获倍于国人，乃供过于求，价格暴落，尾重二斤之鱼仅售二角"。③

　　反观崂山渔民，渔船多为平底木帆船，亦不乏小舢板船，甚至有用木筏子的，虽便于非渔期时拽上滩岸，但这种传统渔船吃水甚浅，构造不固，不能耐浪，无法向外海发展。装备既然落后，渔获量自然有限，如以圆网（捕带鱼）为主的船及筏子计有 1300 余艘，每船年获仅 300 元，以流网为主的船有 280 余艘，每船年获仅 500 元，捕虾和杂鱼的袖网有 1300 网，年获量仅 500 元。民国《胶澳志》称："齐鲁人之讲求渔业由来已久，惜后世墨守古法，不能获世界之新知，相与俱进，以致利弃于海而为外人所攫占。"④ 李士豪也讲："沿海居民驾小艇于沿岸捞捕，从未有远涉重洋而从事

---

①　李士豪、屈若搴：《中国渔业史》（1936 年），商务印书馆，1984，第 200 页。
②　李士豪、屈若搴：《中国渔业史》（1936 年），商务印书馆，1984，第 199 页。
③　民国《胶澳志》卷五，"食货志·渔业"，1968，第 34～35 页。
④　民国《胶澳志》卷五，"食货志·渔业"，1968，第 31 页。

斯业者，大好宝藏，任其弃置于海洋，自不免引起外人之垂涎。"① 这些说的都是中国渔业技术落后所导致的"利弃于海"。下面这段对青山村渔民的访谈内容，也从一个技术侧面向我们展示了崂山渔民海洋生产的艰辛：

> 青山村靠山、靠海，打鱼是季节性的。谷雨前后出海，到夏至回来，一般两个来月。打鱼用大木排，就是用 10 根原木（直径约 30 厘米或 40 厘米）钉在一起做成筏子，需要 5 个人摇。一个筏子上 9 个人打鱼，再加上一个守夜、做饭的，共 10 个人，在木排上用木板架一张床，人睡上面，打了鱼就放到铺下面，筏子周边用网围起来。打了鱼也不舍得吃，大都卖了。出海回来，把木排拉到岸上，晒干。秋天不打鱼，在近海抓海蜇（水母）。海蜇直径一米多，小的有五六十厘米，抓海蜇凭技术、凭眼力，十米八米深的用竹竿抄起来。出海的人是各家合伙，也有死的，有一次四个筏子出去只回来一个。其中一个筏子遇到大风，筏子翻了，10 个人只有 1 个被救回来。②

在海上生命都无法保障的情况下，其生产又怎么和日本渔民相抗衡呢？崂山一带的渔业生产渐趋衰落：

> 青岛全区之以渔为业者，计一百六十余村，昔时每村渔户，占全村户数之大半。现在除海西一隅，尚有以捕鱼为正业外，其余海东方面③，类多改业。大有日见衰退之势焉。（一）因青市开埠以来，生活程度日见增高，渔业收获，不能应付需要，乃不得不另行改业。（二）因渔民固守旧法，对于渔具及捕捉方法，不知改良，以致捕获数量，难期增益。然其最大原因，则为日本渔船之羼入，捕法新良，利润被分，致使我国渔民，反被倾轧，此则本市渔业界之最大隐忧也。④

---

① 李士豪、屈若搴：《中国渔业史》（1936 年），商务印书馆，1984，第 198 页。
② 根据崂山青山村村民口述整理。访谈时间：2010 年 5 月 1 日。访谈对象：TJS，83 岁；JGX，78 岁；JCL，女，81 岁。
③ 即崂山一带海域。
④ 魏镜：《青岛指南》第三编，"实业纪要·渔业"，青岛平原书店，1933，第 12～13 页。

"海东"即指崂山一带海域。日本侵渔的压迫，船网与捕捞方法的落后，生活成本的增高，打破了传统半渔半农经济形态下相对稳定的状态，带来了日常生活的巨大变化。

（三）日趋窘迫的生活境况

青岛刚刚开埠时，崂山居民仍然过着相对自足的生活，据 1903 年的《胶澳发展备忘录》所载，人们差不多住在自己简陋的茅屋中，当然，除了所费不赀的首次盖房外，住房无须另加开支，每年修缮房顶所需的麦秸也是从自己地里收获的。农民的家畜夏季自行在路旁寻找食物；冬季则饲以农民自己地里生长的谷草。农民不必或很少为取暖花钱，因为烧的都是其妻子孩子用耙子在农田、路边耙集的麦根、薯藤和野草。一户农民的收入虽少，但他仍有余钱去满足花费不多的嗜好（每年吸烟花 2500 文钱），庆贺节日，以及为其儿女将来置办嫁妆。① 这样的生活状况，虽然不够丰足，却也相对稳定。随着青岛城市规模扩大、人口增多，以及工商经济的发展，这种相对安适、自足的生活渐渐被打破了。

随着青岛的崛起，崂山人口也不断增加。在耕地不足、土地硗薄、工具陈陋、肥料不丰、技术落后等诸多问题未能很好地解决的情况下，这些骤然增加的人口，无疑为崂山的传统社会基础带来了冲击。虽然，城市的工商业发展提供了一些就业机会，但并非人人都可以轻易获得，同时，尽管市政当局一直致力于乡村社会经济的改良，但生产状况一直未能根本好转，和市区形成了鲜明对比："青市居民既杂，习惯亦殊，故衣食住之嗜好，乃混合中外各地风尚而成。市内住屋，多属欧式建筑，房租平均每间十元上下，物价与津沪大致相仿。唯在人口中占最多数之农民。经济则至为疲敝。"② 可以说，伴随着城市的发展，崂山乡民的整体生活成本却日益增加，生活状况日趋窘迫。

乡民们生活窘迫的首要表现，便是日常劳作的目标仍以满足衣食住为主，其中尤以食为大宗，终岁辛勤所得，十之七八用之于食，衣服所费不

---

① 青岛市档案馆编《青岛开埠十七年——〈胶澳发展备忘录〉全译》，中国档案出版社，2007，第 242 页。

② 冯小彭：《青岛市政府实习总报告》，1933，第 18 页；萧铮主编《中国地政研究所丛刊·民国二十年代中国大陆土地问题资料》，（台北）成文出版社有限公司，1977。

过一二成，居住则更占少数。① 虽然，日常所需大多自给，但受城市经济影响，生活成本却在逐渐增加，社会稳定也受到威胁：

> 惜时势变迁，外受经济自然之压迫，内不知革新以存古，以此家内手工日受淘汰，而百货仰给于人，旧志所谓女世纺绩之业，今则机杼已成罕见之物，而衣食或且仰给于外国，《大学》所谓生众食寡为疾用舒之原则，今日适得其反，教育不进而欲望日高，衣食不周又何暇谈礼仪哉？②

关于"行"，代价亦高。交通为乡村之命脉，其方便与否，与村落兴衰有极大关联。为谋崂山发展，市政当局也曾积极致力于开辟乡区道路，汽车道路几乎遍布全境。然而，"汽车票价甚昂，动辄需一二角，多至六七角，绝非我国用十六世纪生产方式之农民，所能利用者。故其乘客多为往返市乡之商民，办公之公务员及资产较丰之老农，普通农民仍皆以步当车"。③

生活成本的增加不仅体现在衣食住行上，还体现在教育、婚姻等其他用度开支的不敷使用上。以教育为例，虽然政府竭力推行现代国民教育，以期提高农民文化素质，但居民引以为忧的首先是生活问题，实难顾及教育，"因为一个小学毕业的学生，不能增加家庭的生产，只是处于消费的地位，所以做家长的便灰了心，停止他的学校生活，本区学校的学生数目，虽然不能说很少，但失学的小孩子实在还太多，因为六年的时期，求学之所得，一定不及划船放牛凿石之所得，识字之有用，一定不及练习其他工作之有用"。④ 比如姜哥庄，村人素以捕鱼为生，鱼汛之外间或垦山伐木，生活相对富足，但随着青岛的崛起，境况全然改观，捕鱼方法仍拘泥于传统，无法与入侵的日本渔民相抗衡，致使生活困难，经济窘迫，对政府推行的现代教育无力配合，"该村有学校一处，学生六班（合石湾分校一班共七班）共二百余名，失学儿童三分之二，民众不识字者占十之七八"。⑤

---

① 民国《胶澳志》卷三，"民社志五·生活"，1968，第72页。
② 民国《胶澳志》卷三，"民社志五·生活"，1968，第73页。
③ 《青岛之农村》，《青岛时报》"自治周刊"1934年6月18日。
④ 《本市第十自治区的几点观察》，《青岛时报》"自治周刊"1933年5月8日。
⑤ 《调查报告》，《青岛时报》"自治周刊"1932年11月7日。

再如婚姻，生活的不易使男子娶妻成为一件相当困难的事，直接影响了乡村的婚姻结构。如段家埠村，"该村居民因生活困难之故，嫁女全用买卖方式，是以男子迎娶不易，多致鳏居，据居民言，全村鳏者不下三四百人，其性生活之不满，可以见矣，每娶妻辄至少须费三四百元，换言之，即嫁一女，至少可有三四百元之收入，故生女者辄以为幸，其生活之困窘，亦足征其一斑矣"。[①]

有位笔名"半老徐娘"的作者，对青岛乡间的生活有非常痛彻的感受，认为政府所谓复兴农村经济，不过是空喊口号，而乡间民众，受苦如故，呻吟如故，流离失所如故，啼饥号寒如故。"努力生产"的结果，并未减去老百姓的痛苦，唯一的进步，只是多设了些机关，多添了些官吏，老百姓的身上也多加了些负担，农村社会多加了些恐怖。她（或他）以庄户打油诗，来痛述乡民生活的不易：

耕种稼穑太艰难，那知五谷不值钱。二升小麦卖出去，换来不够一升盐。

千门万户有病夫，一阵呻吟一阵哭。呻吟无力哭无救，多少穷命送死途。

九十老翁常太息，"这个年头太离奇。老汉已活九十岁，多灾多祸让现时"。

老身在乡间，曾拜访一位九十岁的老先生。这老先生言语之间，不住地叹息年头不好。他的断言是这样的："俺活了九十岁，自从能记事的儿童时代算起，从没有像现在这样多灾多祸，大家穷到这般地步。"[②]

"半老徐娘"的苦叹，是对五谷贬值、病痛折磨和时事多艰的痛斥，在这样的境况下，乡民生活的惨状是可以想见的了。为了改善生活状况，乡民们除日常劳作外，每于夜间运货到市区，以谋时间之经济，"日出而作，日入而息，尚有不足以喻其勤劳者"。[③] 即便如此，仍不得不受困于生活的

①　《段家埠村调查报告书》，《青岛时报》1932 年 12 月 12 日。
②　《半老徐娘漫谈·乡间归来》，《青岛时报》1934 年 4 月 24～25 日。
③　《本市农业概况调查》，《青岛时报》1932 年 8 月 29 日。

窘迫。

综上所述，青岛开埠后，崂山半渔半农的社会经济发生了深刻变革，农林改良改变了传统的作物种类及其自然经济属性，越来越依附于城市发展；受日本侵渔和条件落后的影响，海洋生产渐趋衰退；村民的谋生机会虽在增多，生活成本却在增加，生活境况日趋窘迫。

三 渔村的新变革（1950 年至今）

20 世纪 50 年代至今，渔业生产制度的变革，过度捕捞与近海渔业资源的枯竭，海水养殖与海洋生态环境的变动，城市化进程的急速推进，等等，使崂山渔村的变迁呈现加速趋势。

（一）渔业生产制度的变化

新中国成立之前，胶东的海面权属渔民集体所有，渔民在近海从事渔业生产，然后与鱼行合作，借贷、销售等，皆仰给于鱼行。在这种产权制度下，很难出现渔业公司或渔业局等垄断性机构。1950 年之后，通过设立水产行政机构，结束了渔民分散自主经营的模式，通过统一定价、改造和取消鱼行、提供部分渔贷，以及保证渔盐供应等措施，完成了国家对渔业的垄断。同时，又通过土改、合作化和人民公社等制度，在不改变沿海渔场集体所有性质的情况下，控制了渔业劳动力。

1950 年 4 月，山东省人民政府决定成立省水产行政机构。5 月，地（专署）、青岛市以及 22 个县（区）均设立水产科（股）。7 月，原山东省实业厅合作处渔业科与胶东行署渔业科合并为山东省人民政府水产局。[①] 水产行政机构负责渔业管理、收税和教育等职能。

接着又出现了渔业公司，山东水产公司于 1950 年 12 月成立，隶属华东军政委员会水产管理局，辖烟台、石岛两个分公司和上海办事处。到 1952 年，共有渔船 62 艘，职工 1455 人，捕捞水产品 14489 吨。1953 年裁撤，分别成立青岛水产公司和烟台水产公司，除 1956～1958 年归水产部直接领导

---

① 山东省水产志编纂委员会编《山东省水产志资料长编》，内部印行本，1986，第 839～843 页。

外，其他时间归山东省水产局管理。① 除了渔业公司下属的渔业生产，另一类就是群众渔业。水产公司所使用的船只，是动力渔轮，故可在深水作业。而群众渔业，基本上是在近岸作业。

崂山的群众渔业自 1952 年开始纳入新的生产制度中。1952 年春开始成立渔业互助组，1953 年冬开始成立渔业生产合作社，1958 年秋开始成立人民公社渔业捕捞队，20 世纪 60 年代后期和 70 年代初期实行渔农结合，三级所有，以生产队为核算单位。传统上，陆上土地属私人所有，但"海田"一直属于某一群体所共有。因此，20 世纪 50 年代所进行的集体化只是对渔村私人土地进行了改变，虽然对拥有船只网具较多的渔民亦进行财产重新分配，但对"海田"则根本不需要进行此项改革，所以，同 1950 年以前相比，渔民在捕捞区域和捕捞权上并没有变化，变化了的是与渔民关系密切的渔贷、渔价、产品运销与加工等方面。

李玉尚认为，这种将劳动力集中起来，延长出海时间、增加捕捞强度、开发其他海洋资源和改进捕捞技术的手段，会造成对渔业资源的过度利用。而且，建立统一的鱼价和运销体系，使不断增加的利润被源源不断地输送到现代化建设中，并没有给渔民带来同步的收益增长。这种制度力量强大，除却自然因素外，其对海洋生物的种群结构和资源数量的影响是史无前例的。② 不过，对于崂山海域和渔村来说，更深的影响则来自改革开放。

（二）海洋资源与生产结构的变化

如前所述，青岛开埠以后受种种因素影响，崂山渔业极衰。到 1949 年，渔船减少 25%，渔民有 2370 人，与 20 世纪 30 年代相比减少一半。

新中国成立后，渔业生产开始恢复：

1955 年渔民人数 3658 人，比 1949 年增加 54%。

1956 年渔业合作化期间，渔业又有发展，渔民人数有 3741 人，渔业劳力比上年增加 2%。

60 年代末至 70 年代中期，崂山机动渔船虽有增加，捕捞条件改

① 山东省水产志编纂委员会编《山东省水产志资料长编》，内部印行本，1986，第 274～307 页。
② 李玉尚：《海有丰歉：黄渤海的鱼类与环境变迁（1368～1958）》，上海交通大学出版社，2011，第 400 页。

善，但受粮食供应等条件限制，渔民人数一直停留在 1 万人左右。

1980 年，崂山以渔业为主，渔业人民公社（红岛）1 个，32 个渔业大队，184 个生产队。14970 个渔业户，渔业人口 63756 人，海洋捕捞专业劳力 10890 人；大小捕捞船只 2078 艘，总载重量 10890 吨，功率 7568 千瓦，其中国营 4 艘、功率 171 千瓦，总载重量 600 吨；海洋捕捞产量 13596 吨。

1985 年水产品价格全部放开后，崂山渔业经济体制改革发生飞跃，全部渔村冲破"公社"体制束缚，将大小捕捞渔船 2227 艘（只）及其生产工具全部作价下放，渔业生产资料的所有权由集体改为渔民个人所有，沿海捕捞进入突飞猛进的阶段。

1989 年崂山海洋捕捞渔船发展到高峰，总计大小渔船发展到 4356 艘、总载重量 21780 吨、功率 19136 千瓦；渔业人口发展到 98728 人，其中，海洋捕捞专业劳力 21780 人，捕捞产量 38490 吨。渔船和功率（千瓦）数分别为 1980 年的 2.1 倍和 2.53 倍，海洋捕捞产量为 1980 年的 2.83 倍。[①]

此时从事海洋捕捞的多是小功率机动渔船，其作业海域多在近岸：大公岛、小公岛、崂山头附近的定置网具作业区，主要捕捞杂鱼杂虾，每年春季的章鱼、鹰爪虾、虾虎等小海鲜是特产；潮连岛、长门岩、崂山湾是流刺网作业区，每年春汛是鲅鱼的产区。这种船网和作业海域下，渔获物杂鱼杂虾多，对近海渔业资源危害较大。1994 年以后，崂山的海洋捕捞形成了"船小功率小，远洋去不了"的局面。[②]

1950 年以后的船网变化带来了渔场和渔业资源的变化：

50 年代前后，崂山的海洋捕捞以帆船为主，作业渔场主要集中在近海，以青岛近海和胶州湾渔场为主。近海渔场主要有董家口渔场和沙子口外海渔场。

60 年代后，随着 45 千瓦以上的机动渔船的发展，网具、渔具的改

---

① 青岛市崂山区海洋与渔业局编《崂山区海洋与渔业志》，内部印行本，2012，第 84 页。
② 青岛市崂山区海洋与渔业局编《崂山区海洋与渔业志》，内部印行本，2012，第 85 页。

进，渔场逐渐由近海延伸到外海，开辟了渤海湾渔场、石岛渔场、海州湾渔场、大沙渔场、吕泗渔场和舟山渔场等。作业水域一般在 30 ~ 100 米水深。

自 70 年代中期以后，因鱼类资源变化和机动渔船生产能力增强，渔场、渔期时有变动，崂山近海渔业仍以上述渔场为主，45 千瓦以上的机动渔船则主要在吕泗渔场、海州湾渔场、连青石渔场、渤海湾渔场和烟威渔场进行捕捞。较大渔船也到长江口以东、济州岛以南渔场。

1988 ~ 1993 年，崂山机动渔船增加较快，海洋捕捞能力加大，渔场逐渐扩大，主要以石岛东南渔场，舟山渔场为主。

1994 ~ 2003 年，崂山因青岛市区划变动，新崂山区的机动渔船主要是 21.6 千瓦以下小型渔船，以挂子网、流网为主要捕捞工具，青岛近海渔场是主要的捕捞场所。45 千瓦以上的渔船主要从事渔获物收购工作。①

近年来，海洋与渔业行政主管部门开始加大渔业生产结构调整的力度，比如减少近海资源渔船，支持和鼓励渔民造大船、出远洋；加大海水养殖力度，引进推广新养殖品种和养殖模式；鼓励捕捞渔民转产转业从事养殖；鼓励和发展收购渔船；支持水产加工企业的发展；等等。

自 1979 年 2 月国务院颁布《水产资源繁殖保护条例》，以及同年国家水产总局颁布《渔业许可证若干问题暂行规定》，我国的海洋渔业资源保护问题便被提上了日程。进入 20 世纪 90 年代以后，国家推行禁渔和休渔制度，严格控制近海捕捞强度，崂山开始执行青岛市提出的"控小上大，控近上远"的渔船发展方针，呈现小型渔船数量减少、大功率渔船数量增加的态势，优化了海洋捕捞生产结构，近海捕捞强度得到控制。1998 年，国家进一步控制捕捞强度，要求各地严格执行捕捞产量和渔船数量的"零"增长。自此，崂山的捕捞渔船及产量基本维持在"零"增长。同时，受渔业资源匮乏、油料涨价、生产成本提高等因素影响，渔船单产、效益下滑，不少渔民开始从海洋捕捞业转移。

崂山沿海有自然港湾 15 处，大多是开敞海湾，水体易于交换，海水质

①　青岛市崂山区海洋与渔业局编《崂山区海洋与渔业志》，内部印行本，2012，第 90 页。

量和底质质量均好，滩涂内含有较丰富的有机质，而且近海因有暖流流经山东高角折向东北，故暖温性鱼类洄游至基础生产力较高的崂山近海海域，成为一些重要经济生物的栖息繁衍场所，浮游植物、游泳动物、底栖生物等渔业资源丰富，基础生产力高，发展海水养殖渔业的基础条件好。崂山海水养殖业兴起于 20 世纪 50 年代，1954 年开始养泥蚶，1958 年开始养海带，1964 年开始养殖滩涂贝类，1972 年试养紫心贻贝成功，1979 年开始养殖对虾，之后裙带菜、紫菜、扇贝、鱼类和海珍品养殖相继成功。尤其是改革开放后，得益于政策扶持、技术进步以及水产品市场开放等条件，不断增长的效益调动了渔民的积极性，海水养殖业发展迅猛。现在以鲍鱼、海参、扇贝和海水鱼养殖为主。

除了渔业资源枯竭和国家渔业制度变化，城市化进程成为影响新时期以来渔村社会变迁的主要因素。崂山渔村的空间位置及其与市区的距离，形成了更加微观的区域特色。

沙子口一带处在市区的边缘，成为旧村改造的首选对象，当地渔民也纷纷转产，渔船大多租给了四川移民（见图 1）。

图 1　崂山沙子口码头等待丈夫出海归来的四川女
说明：军旅画家曲直胶东渔民系列油画之一。

唯有王哥庄一带，仍然保持着半农半渔的经济形态，但斗转星移，也已"此农非彼农，此渔非彼渔"了，茶园取代了果园，捕捞让位于养殖。

四　结语

　　崂山渔村自明清时期地处即墨边陲，以半渔半农默默拓殖，到青岛开埠作为城市近郊湮没不彰，自 20 世纪 50 年代以后新渔业制度下的迅猛发展，再到 21 世纪以来急剧城市化带来的各种尴尬，凝结了自然的、人为的、经济的、制度的各种因素，是近代以来胶东社会经济变迁的影子。今天，胶东半岛城市群已渐渐成形，沿海渔村被卷入更深层次的城市化进程当中，资本和政策的裹挟，使渔村面临更加复杂的路径选择，是生存还是消失？是景观化、遗产化还是就地活化？这不仅是建设社会主义新农村和美丽乡村的愿景问题，也是城乡关系下的陆海联动问题。

中国海洋社会学研究

2018 年卷　总第 6 期

第 69～91 页

© SSAP, 2018

融入与固守：黄山村近半个世纪的
经济社会变迁

史子峰[*]

摘　要： 近年来，随着青岛城市化进程的不断推进，崂山区黄山村作为一个沿海近郊渔村，无论是经济结构的更新还是社会生活的变迁都受到了城市发展带来的影响。一方面，与青岛市区之间的紧密联系给黄山村的经济和社会移入了新的元素，促进了海蜇业与茶叶种植业的兴起，使黄山村逐渐融入现代城市生活；另一方面，黄山村中还有很多传统是无法消逝的，反过来还会使青岛这座城市的发展受到村落文化的影响，最终使黄山村的独特性与完整性得以保存。对黄山村的经济社会变迁研究，可以为港口城市与渔村社会之间的发展提供丰富的经验和教训。

关键词： 城市化　沿海渔村　青岛黄山村

一　自然环境与历史传统

黄山村坐落于山东半岛与胶东半岛南部，西邻崂山山脉，与青岛市区隔山相望；东临黄海岸畔胶州湾与丁字湾之间的崂山湾；南邻黄山口村；北邻长岭村。村落位于崂山区王哥庄街道，距离青岛市区 40 余公里，整个

---

* 史子峰，山东青岛人，中国海洋大学文学与新闻传播学院中国史专业硕士研究生，研究方向为海洋社会文化、中国近现代史。

地势西高东低。① 因该村处于黄山西北，故以山取名，是一个在青岛市乃至整个胶东半岛都十分具有特色的渔村。黄山村有着丰富的海洋资源与旅游资源，得天独厚的自然地理环境对村落的发展有着直接的影响，使黄山村形成了自己独特的村落经济模式与文化传统。

（一）依山傍海的自然环境

自然环境对一个村落的形成具有重要的影响，并决定村落的主要生产方式，对村民性格的塑造也会产生极大的影响。因此，黄山村带有明显的胶东半岛烙印。

背山面海的黄山村在明朝万历年间大部分的山岚、土地都是时任兵部尚书即墨黄嘉善②的家族产业，在此居住的只有看山的佃户，山的存在是村落形成的主要原因，而海的因素又是吸引周边移民的保障。因此，得天独厚的自然环境影响着黄山村发展的方方面面。

1. 地质地貌

地质地貌决定了村落发展经济生产的问题，也决定了关乎村民生计的粮食问题。黄山村所在地是崂山巨峰山脉东南支脉的一部分，域内东西最宽距 3 公里，南北最长 1.28 公里，村域面积 2.6 平方公里，最高峰风凉涧顶 680 米。整个地势西高东低，东临大海，西北、西、西南、南、东南皆是高山丘陵，属碱性花岗岩山地，地址大部分为黄、白、青、红色，粗细沙硬质石体，山脊峰林呈锯齿状发育，山峦起伏，岩石裸露，造型奇特。域内大部分为黄沙土质，③ 因坡陡土薄，种植粮食作物产量低下，一方面使黄山村农业的开展十分艰难；另一方面则有利于山茶灌丛的种植与栽培。此外，"胶东丘陵的沿海多为下降海岸，海水入侵，往往形成海湾，例如崂山湾"④，这就为黄山村的港湾码头建设奠定了良好的环境基础。村民们为了谋生不能把希望全部寄托于贫瘠的土地，只好转向他们面对的群山与大海，

---

① 青岛市崂山区政协编《崂山村落》，中国文史出版社，2007，第 204 页。
② 据清同治版《即墨县志》卷九·人物中记载，黄嘉善，明万历丁丑进士，历任大同知府、宁夏巡抚，兵部大司马兼京营戎政，历边疆二十年，入枢府两受顾命。及卒，上为辍朝，赠太保，予祭葬。崇祀名宦、乡贤。文中所称其为兵部尚书可能为村民们的误称。
③ 崂山区王哥庄街道黄山村志编纂委员会编《黄山村志》（内部影印版），2012，第 41 页。
④ 张玉法：《中国现代化的区域研究，山东省，1860－1916》，台湾"中研院"近代史研究所，1984，第 4 页。

环境使黄山村形成了"靠山吃山，靠海吃海"的经济传统，促进了渔业与采石业的发展。

2. 海域潮汐

海域与潮汐变化是制约渔业生产的重要因素，它不仅规定了渔村村民出海作业的主要范围，还对渔业生产的数量和质量有着直接的影响。位于胶东半岛南端的黄山村东面、东北临海，海岸线蜿蜒长3000米，属基岩型海岸，海蚀地貌主要由花岗岩和片麻岩两部分组成，带有明显的胶东半岛南部海域特色。在村民住房相邻的地方有一处海湾称为黄山湾，西段与北滩相接，南端又与黄山崮相连，这处天然形成的交通避风港成为黄山村对外贸易运输的出发点，将这狭长海岸线带给村落的丰富海洋资源与外界连接起来，成为一段时间内村民们谋生的希望和寄托，也使村落在农业种植十分不易的条件下海洋渔业的发展成为必然。同时，整个胶东半岛除了东端海区及渤海海峡以西海区为不规则半日潮外，其余地区都是规则半日潮，十分有利于渔业的生产。村内海域高潮出现在月亮中天后4小时36分，低潮出现在月亮中天后10小时48分。[①] 域内涨潮时，先由西逐渐向南转向东流，流速由小到大再到小，东南向流速最大。落潮时，由东逐渐向北转向西流，流速由小到大再到小，西北向流速最大，涨落潮转换时，流速几乎为零，为平流。岸边和海洋中的涨落潮时间不同，岸边早，海洋晚。这种规律的潮汐变化也为黄山村渔业的发展提供了保障，使渔业一直成为村落的支柱性产业。

3. 气温降水

胶东半岛地处暖温带，气候温暖，"最近50年来，年平均气温和年最低温度均有显著的升高"。[②] 昼夜温差小，春凉风急回暖晚，夏无酷暑雨雾繁，秋高气爽降温迟，冬无严寒雨雪淡。黄山村地处胶东半岛季风气候区，自然也受海洋的影响，全年温度适中，冬暖夏凉，年振幅和昼夜温差较小，1951～1987年平均气温11.9摄氏度，1988～2009年平均气温12.5摄氏度。[③] 春季温度逐月回升至5～6摄氏度，均温12.5摄氏度，夏季8月份最

① 崂山区王哥庄街道黄山村志编纂委员会编《黄山村志》（内部影印版），2012，第43页。
② 田清：《最近50年来胶东半岛海岸带气候变化研究》，《鲁东大学学报》（自然科学版）2012年第1期。
③ 崂山区王哥庄街道黄山村志编纂委员会编《黄山村志》（内部影印版），2012，第48页。

热，秋季均温 23.7 摄氏度，9 月下旬日均温降至 20 摄氏度以下，11 月下旬降至 5 摄氏度以下，冬季自 12 月下旬开始气温一般降至 0 摄氏度以下，2 月下旬逐步回升至 0 摄氏度以上。四季变化与同纬度地区相比，明显推迟。气候的适宜也吸引了大量的移民来到黄山村定居。同时，村内降水量也随着季节的变化而变化，1951～1987 年，历年平均降水量为 738.5 毫米，1988～2009 年历年平均降水量为 800.8 毫米。春旱，夏雨集中，占全年一半以上，秋天稳定，冬季最少。历年平均降水为 84.3 天，占全年总天数的 23%。降水的集中有利于山茶等作物的种植，也为渔业的发展提供了良好的条件。

（二）明清以来人口的迁移与变化

位于胶东半岛南部的崂山有着延绵的山脉资源，因此，黄山村落的形成与看山佃户的迁入有着很大的联系。明朝万历年间，即墨人黄嘉善购置了崂山山脉的一支黄山山岚，并雇用佃户来此定居看山，依托于背后群山的自然资源，黄山村逐渐形成村落。到清初时已有黄姓、隋姓、林姓（南崖林、西屋林、北山林）、张姓、王姓等七大家族，到清中叶又增刘姓家族，黄姓家族自康熙末年迁出，王姓家族自 20 世纪 80 年代迁出。而关于黄山村最初移民的传说，还有另外一种说法，根据黄山村《林氏族谱》记载，相传，明朝永乐二年（1404 年），林氏先祖从云南迁居济南，一年后再迁青山南侧林家台子；因水源不足，又于明朝永乐四年（1406 年）迁此定居。又有《隋氏族谱》记载，隋氏先祖从小云南先迁至"肖旺疃"（现晓望村），随后其长支到此定居。由于他们祖辈受够了兵燹祸乱之苦，所以就选择了这一涧水潺潺、山岭环绕的僻静高地安身立业。后来，林、张、刘姓先后由青山村、王哥庄村来到这里，在山坡、涧边造房，形成了一定的规模。但是由于村落交通不便，加之战乱的影响，新中国成立前村内有一小部分人闯关东后定居东北，一小部分人迁入本县域内其他村庄，一小部分人替人看山岚后定居他村，一小部分人出家当和尚、道士终生住寺庙。20 世纪 70 年代前，黄山村迁入人口明显低于迁出人口，改革开放后尤其是进入 21 世纪以来，随着经济的发展，黄山村的迁入人口又明显多于迁出人口。根据 1955 年的统计，全村住户共 140 户，总人口 633 人，1975 年住户达到 175 户，总人口 862 人，2011 年末则增长到 346 户，1046 人，近几年人口的自然增长呈现出负增长的趋势。[1] 从图 1 的统计中也可以看出以上趋势。

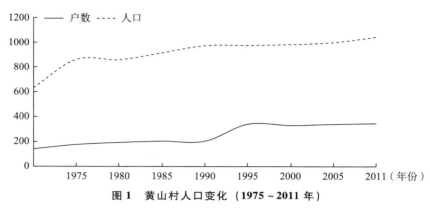

图 1　黄山村人口变化（1975～2011 年）

资料来源：《黄山村志·人口》。

（三）黄山村的历史传统

中国传统社会根深蒂固的"农本位"思想以及自然环境的制约决定了胶东半岛的渔村以农业和渔业生产为主。黄山村也是如此，加之明清以来人口的不断迁入，又造成了人多地少、多山冈薄地产量低不能维持生活的困境，地处偏僻、交通闭塞与山外信息不通的自然环境制约使得黄山村的农业种植以小麦、谷子、高粱、豌豆、大豆、地瓜为主，其中地瓜占总产量的 85% 以上[2]，地瓜和地瓜干是主要口粮。村民们无法只靠农业种植养活自己和家人，为了生存只好将目光转向黄山村其他丰富的自然资源，转向他们日夜面对的群山和海洋，在此条件下大肆开展采石业，以钓鱼、捕捞、抓打海蜇为主的海洋渔业，以及为出售石材、海鲜谋生而兴起的海上运输业，这些产业都在一段时间内成为黄山村的主要经济来源，也构成了村落传统的产业经济结构。

自然环境造成的传统农业脆弱性使得黄山村的村民们对掌管风调雨顺的神灵有着虔诚的信仰，为了保障每年的生计，早日摆脱贫困的日子，人们往往将希望寄托于精神的慰藉，土地庙、山神庙、关帝庙香火的旺盛即

---

① 崂山区王哥庄街道黄山村志编纂委员会编《黄山村志》（内部影印版），2012，第 3 页。
② 崂山区王哥庄街道黄山村志编纂委员会编《黄山村志》（内部影印版），2012，第 198 页。

证明了这一点。而随着海洋渔业与海洋运输业的发展，渔民海上作业，经常会遇到各种灾害性天气，不仅使船网受到损失，甚至危及生命。[①] 这也促使了黄山村民们海神信仰的产生，每年腊月十五在龙王庙与娘娘庙进行的祭海活动也突出地体现了作为一个渔村的黄山村的信仰文化，因此，得天独厚的自然环境还赋予了黄山村独特的文化传统。

二 城市化进程下村落经济的发展与变迁

新中国成立以来，作为近郊渔村的黄山村经济发展也与青岛城市发展的命运更加紧密地联系在一起，加之"青岛是商业、工业、交通中心，在乡村中国与世界各地的制造中心间日益频繁的贸易关系间起着举足轻重的地位"[②]，这也使黄山村的发展不断受到青岛城市化进程的影响，黄山村"靠山吃山、靠海吃海"的传统经济模式也逐渐得到发展，并且更具特色。具体来说，就是由传统的粮食作物种植与海洋运输结合的旧型渔农互补模式转变为现代的海蜇产业与茶叶种植相结合的新型渔农互补模式。

（一） 渔港码头：海洋渔业与运输业的兴衰

作为一个有着丰富海洋资源的村落，黄山村自建村始就有着利用山海优势出海打鱼的传统。早期的移民利用附近群山上的丰富木材制成木筏，将打捞上来的海产品运输到附近的市镇上出售，木筏的来回进出就使得港湾码头的建设成为必然。加之黄山湾得天独厚的自然环境，因此在新中国成立前黄山村就拥有自己的小码头，当地村民称为"湾子"，并且一直将此处作为黄山村主要的渔港码头。码头的存在对海洋渔业和海洋运输业的兴起产生了一定的促进作用，同时使得村落与港口城市的联系更加紧密，从开埠后对青岛港口船只的统计也可以看出这一趋势，"当时进出青岛港的船只除了洋轮船外，还有大量的木帆船"[③]。小型木帆船的大量进出港也说明

---

① 李玉尚：《海有丰歉：黄渤海的鱼类与环境变迁（1368－1958）》，上海交通大学出版社，2011，第 65 页。
② 杨懋春：《一个中国村庄：山东台头》，张雄等译，江苏人民出版社，2012，第 1 页。
③ 郭洋溪、侯德彤、李培亮：《胶东半岛海洋文明简史》，中国社会科学出版社，2011，第 199 页。

了海洋运输业已经成为村民们闲暇时一项重要的经济活动。海洋渔业逐渐成为这一时期黄山村的支柱型产业，比重占到了黄山村总收入的 70% 以上，促进了黄山村与胶东半岛之间的交流与对话。

1963 年，随着青山军港的建成，附近的崂山村民用船一律不得在此停港，因此重新建设一座民用码头成为渔村村民迫切的要求，而码头对黄山村经济带来的巨大促进作用也引起了青岛市政府的注意。黄山码头迎来了发展的良机，上级有关部门决定投资 8 万元对黄山村"湾子"进行扩建①，扩建后的黄山码头成为当时整个崂东地区首屈一指的渔港码头，吸引了附近崂山地区的渔船争相前来交渔货，黄山村也因此成为当时青岛市的海产品收购中心之一。码头的建设对村内的海洋运输业产生了直接的促进作用，1973～1983 年这十年是黄山村历史上远洋捕捞产量最高的时期，用来进行海洋运输的 20 马力风船到 1979 年已发展到 7 条。运输和渔业的收入占到当时的黄山大队总收入的 60% 左右。② 这就使得当时黄山村的经济收入大幅上升（见图 2），一直位列王哥庄公社甚至崂山地区的前茅。

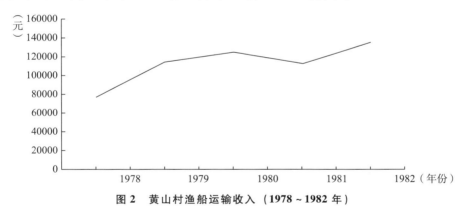

图 2　黄山村渔船运输收入（1978～1982 年）

资料来源：《黄山村志·经济》。

但是，黄山村的码头建设是一个不断发展的过程。新港的修建年代较久远，建成后又不断遭到台风灾害的破坏，造成港内严重的淤积问题。同时，由于附近村落码头的相继扩建，尤其是青山军港于 20 世纪 90 年代重新转变为民用码头，黄山码头的地位严重下降，而道路交通的改善、车辆运

---

① 青岛市崂山区海洋与渔业局编《黄山村志》（内部影印版），2012，第 280 页。
② 青岛市崂山区海洋与渔业局编《黄山村志》（内部影印版），2012，第 282 页。

输业的兴起也对传统的海洋运输业和海洋渔业造成了极大的冲击。这一时期黄山村的渔民们则把重心从运输业转向海水养殖业，开展了海带养殖、扇贝养殖、海参鲍鱼养殖，但是由于管理不善和台风造成的毁灭性的破坏，并没有取得预期的效果。例如，1997 年的 11 号台风就将村民养殖的 350 亩扇贝全部冲毁，经济损失高达 700 万元，[①] 直接造成直到现在黄山村的扇贝养殖业都没有恢复发展。只有养殖方法比较简单的海参鲍鱼业得到一定的发展，依然活跃于渔业市场。而海带养殖则于 1981 年就全面下马，扇贝养殖截至 2009 年仅剩 23 户。[②] 而 2011 年更是减少到 16 家。

因此，从码头的建设可以看出渔业在黄山村中的重要地位，但是同时也具有极易受灾害破坏的脆弱性。根据相关统计，1954 ~ 2009 年这短短的五十几年间就遭到严重的海上灾害 18 余起，造成了极大的经济损失，使黄山村在此后的经济发展中不断探索稳定的独特的支柱产业，也为茶业和海蜇业的兴起奠定了基础。

（二）承前启后：采石业的盛极而衰

胶东半岛有着丰富的石料资源，而崂山又是优质石料的原产地，截至 1987 年，区内共有采石场 158 处，总产值 2111 万元。黄山村三面环山，以石为多，在农业开展困难、渔业极易受到灾害影响的条件下，采石业自然得到十分迅速的发展，并且有着承前启后的重要作用。早期的黄山村村民为了谋生，破石挖土，平整地基，根据山势一层层用石头垒起地阢，这一时期的石料被用于农业生产，但是由于生活所迫，加之村内群山所属崂山花岗岩色泽晶莹、质地坚硬、耐腐酸、用途广，这一石料成为闻名中外的装饰和建筑料石，逐渐成为城市发展建设的原材料。这就使黄山村的村民注意到了村内石料的宝贵价值，开始将其作为谋生的重要手段，也由此开启了黄山村内近半个世纪采石业经济的发展历程。

黄山村的石业人才经历了一个从无到有的过程。第一代石匠直到 20 世纪 30 年代才掌握采石技术，这一时期的采石业受到国家政策的影响，石匠所采之石大部分用于村民住房建设、国家建设，用于经济发展的少之又少，

---

① 崂山区王哥庄街道黄山村志编纂委员会编《黄山村志》（内部影印版），2012，第 57 页。
② 青岛市崂山区海洋与渔业局编《崂山区海洋与渔业志》（内部影印版），2012，第 281 页。

例如，1952 年和 1958 年青岛市政府在浮山开采和运输用于建设北京人民英雄纪念碑及人民大会堂的石料工程，就从黄山村召集了大批的石匠，崂山水库与仰口码头的修建同样可以看到黄山石料与石匠的身影。由此也可以看出，早期黄山村村民对村内石料资源认知的过程较晚，是一个被动参与的过程，采石业虽然一直都有，但是发展得并不充分，还未引起足够的重视。

　　黄山村采石业真正发展兴盛的时期是 20 世纪 70 年代以后，集中在1974～1982 年，村内的石匠也由 1970 年前的不到 50 人增长到 1974 年的近百人，并且承担了崂山景区太清宫西茔至大通铺的石头路面建设、垭口到上宫口旅游线路台阶的主要修建工作，每年生产大队开采销售的各类石材达到 3000 立方米，石业收入占到全村副业总收入的 2/3①，采石业成为当时经济的支柱产业（见图 3）。这一时期的黄山村从海边到西山，路途近、好打的石头几乎都被打光了。1982 年，崂山被国务院批准为国家级风景名胜区，政府为了保护生态，禁止村民采石，停止石业生产，这就使得黄山社区的采石业迅速由盛转衰，彻底退出了历史舞台，而原先的石匠劳动力则转向农业、海洋捕捞业、旅游业等产业，专门以打石为生的石匠已然不复存在。但是，采石业作为黄山村的一项经济产业，具有承上启下的重要作用，为海洋渔业的发展提供了经济支持，也为之后的旅游业提供了基础和

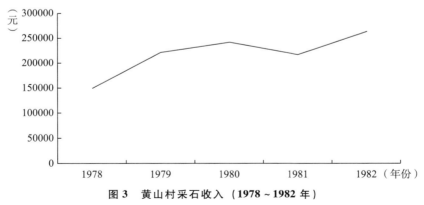

图 3　黄山村采石收入（1978～1982 年）

资料来源：《黄山村志·经济》。

---

① 崂山区王哥庄街道黄山村志编纂委员会编《黄山村志》（内部影印版），2012，第 137 页。

保障，对黄山村的经济发展产生了重要的影响。

（三）海蜇业：海洋捕捞业的逐渐兴盛

海蜇是"海味八珍"[①] 之一，海蜇捕捞业是黄山村的传统产业也是新兴的产业。近年来，海蜇业越来越成为黄山村的支柱产业，据村内的老人回忆，黄山村早在 200 多年前的立村开始就有打海蜇的传统，现今非但没有衰落，反而得到进一步发展。尽管有过 20 世纪 70 年代的低潮期，但是随后也迅速回暖，黄山村的海蜇生产无论是数量还是质量，方圆百里都远近闻名。海蜇业也成为村内的特色产业，对黄山村的经济产生了重要的影响。

海蜇业经久不衰的一个重要原因就是黄山村良好的自然环境适合海蜇的生长与捕捞。黄山村内海域涨潮时为正南正北方向，流向直冲黄石头，村民们只需在黄石内外张网即可捕捞大量的海蜇，出海近，打货多，风险与成本的降低使得大部分渔民将海蜇捕捞业作为出海作业的首选。另一个原因是沿海城市居民对海蜇这一食品的喜爱。每到捕捞的季节，海蜇几乎是青岛以及胶东半岛居民家家户户餐桌上的必备品，市场上对海蜇的需求也是经久不衰，产量多、质量好的黄山村海蜇自然成为城乡居民选购的首选。城市化进程下交通的逐渐发达，也使市民驱车来到村里直接进行海蜇收购贸易成为可能，市场的保证使得黄山村的海蜇业不断发展，也衍生出海蜇加工业及对海蜇附属产品如海蜇里子、海蜇爪子、海蜇脑子的销售市场，黄山村也因此成为青岛市主要的海蜇捕捞加工村，成为为城市供应加工海蜇及相关产品的基地，是城市化进程对近郊渔村经济产生变化和作用的代表。

黄山村有近半数居民从事海蜇捕捞，捕捞加工海蜇成为世代传承的技艺。海蜇业的发展和兴盛还解决了黄山村内大量妇女剩余劳动力的问题，也体现了胶东半岛渔村妇女的角色转变："从目送丈夫远航的渔家女，到登船出海劳动的女社员。"[②] 而海蜇加工业甚至成为妇女嫁到黄山村的"必修

[①] 海珍品历来作为请酒宴席的上乘佳肴，尤以干贝、鱼翅、鲍鱼、海参、鱼肚、鱼唇、鱼子、燕窝为名贵，被人们誉为"海味八珍"，但是近年来随着海蜇逐渐受到大众的欢迎，也有将海蜇归入这一行列的趋势。

[②] 王楠：《资源、技术与政策：妇女角色的转变——以近现代的胶东渔村为例》，《妇女研究论丛》2016 年第 2 期。

课"，这是由海蜇捕捞大多采取"男女搭配"工作方式所决定的，男性负责出海捕捞，捕捞回来后再把早已等候在码头边上的妇女背上船开始扒海蜇，海蜇要被处理成五部分，分别是海蜇脖子、海蜇皮、海蜇爪子、海蜇脑子和海蜇里子。① 海蜇皮扒下来，交给男人们用竹筐挑上岸，卖给外地来的海蜇贩子。与此同时，在岸边还有一群妇女围坐在数十个灶台边，先往锅里加半锅水，再往灶台里填些煤炭，准备加工刚刚扒下来的海蜇里子、海蜇脑子以及海蜇爪子。在海蜇丰收的季节，村内的男女老幼几乎都要被动员起来，一时间村子内人山人海，热闹非凡。

海蜇的捕捞也给村民带来了丰厚的经济收入，城乡居民对海蜇营养价值认识的不断加深也使得近年来海蜇的产品价格直线上涨，而需求却并没有因此降低，反而吸引了大批外地游客慕名前来品尝购买海蜇，每逢秋季海蜇捕捞的季节，村内 7 家酒店天天爆满。这就直接带动了村内的其他产业，包括茶业和旅游业的发展。据统计，2005 年村内渔民人均海蜇业收入为 15000 元，2008 年上升到 25000 元，2011 年更是上升到 85000 元。② 这也与城市化进程息息相关，黄山村被称为"海蜇村"名副其实。黄山社区海蜇捕捞和加工的逐渐兴盛史，就是一部村落经济发展史，是黄山村在城市化进程下经济发展的缩影。

（四）南茶北引：茶叶的大范围种植

村落农业的发展与自然地理环境息息相关，黄山村农业开展的艰难迫使村民们逐渐尝试新的作物，并开始认识到"农业生产的自然环境，趋利避害，因地制宜地对其加以利用和做出力所能及的改造，是发展农业生产力的重要因素"。③ 这就为黄山村茶叶种植的开展提供了天然的自然条件，为茶业在黄山村目前的经济结构中占据重要地位奠定了基础，同时，茶叶的种植也是改革开放以来城市化进程不断加快的产物，虽然很早之前，黄山村的祖辈就有上山采集野生植物加工制茶喝茶的习惯，这项技艺产生的"五竹茶"也传承至今，但是将茶叶作为主要农作物进行栽培获取经济价值

① 半岛新闻网，http://news. bandao. cn/news_ html/201608/20160813/news_ 20160813_ 2656469. shtml. 2006 – 8 – 13。

② 崂山区王哥庄街道黄山村志编纂委员会编《黄山村志》（内部影印版），2012，第 155 页。

③ 从翰香：《近代冀鲁豫乡村》，中国社会科学出版社，1995，第 117 页。

的想法却是在 20 世纪 90 年代随着南茶北引在崂山地区获得成功才开始产生
并大加推广的。

黄山村所在的崂山地区早在明代就有对茶叶的记载："深山时有之，味
淡以清，惜山民不知采摘、烘焙之法，故不能与龙井齐名。"[1] 到了近代，
1959 年崂山太清宫林区首次将茶种从浙江杭州引进，成为中国"南茶北引"
最早的茶叶试验点和崂山茶的发源地。十年的不断育苗，终于克服了北方
冬天既旱又冻、寒旱两害的困境，才将南方茶树在北方驯服成功，[2] 开启了
崂山茶叶种植的历史，而黄山村首次试种茶叶是在 1983 年，由生产大队响
应上级号召和政策引导，鼓励社员自愿种植。虽然黄山村的自然地理环境
以及土质都十分适合茶叶的种植和生长，但是村民不懂得种植茶叶的技术，
也没有种植茶叶的生产积极性，这就导致了黄山村第一次种植茶叶的尝试
以失败告终。

第一次茶叶种植的失败并没有影响黄山村村民的信心，反而推动了向
崂山地区茶叶种植取得成功的村落学习取经的进程。经过了近十年的准备，
黄山村在 1992 年进行了第二次茶叶试种，首先由村民林玉玺从沙子口镇大
河东村引进茶种，在十字北隋家茔四周租赁了部分村民的 8 亩责任田种植，
这是崂山首家种植茶叶的个体户，同年村民林修福从太清宫引进茶种，在
十字南试种植茶叶 1 亩，经过两年的技术改进和精心培育，成功炒出了崂山
绿茶，拉开了黄山村茶叶种植的序幕。这次试种的成功也大大鼓舞了黄山
村村民对种植茶叶的信心，社区全年茶业收入达到 180 万元。[3] 茶业成为黄
山村经济发展的另一项支柱型产业。

在城市化进程的带动下，黄山村茶叶的种植出现了明显的产业化趋势。
1999 年，试种茶叶成功的林玉玺夫妇注册了"玉玺"商标，形成了茶叶产
业生产、加工、销售的一条龙，获取了巨大的经济利益，这就带动了村内
其他村民对茶叶种植的积极性，同时，南茶北引的成功也使周边地区对茶
叶的需求量大大增加，尤其是城镇居民对生活品质的追求。高质量的茶叶
以及春天头茶价格的居高不下，让黄山村祖祖辈辈渴望摆脱贫困发家致富
的村民们看到了希望。进入 21 世纪，黄山村的茶叶种植业不断发展和壮大，

---

① 周至元：《崂山志》，齐鲁书社，1993。
② 王为达：《南茶北引五十载，江北名茶在崂山》，《茶博览》2006 年第 3 期。
③ 崂山区王哥庄街道黄山村志编纂委员会编《黄山村志》（内部影印版），2012，第 135 页。

并在崂山绿茶的基础上创造性地开发出崂山红茶这一特色品牌。根据统计，黄山村共有耕地 430 亩，2004 年村内茶叶种植面积已有 140 余亩，到 2009 年底更是达到了 300 亩，占到耕地总数的 70%，茶农有 280 户[1]，占到村落总户数的 80%，可以说几乎家家户户都拥有自己的茶田。茶叶的大面积种植促进了产业化的发展，黄山村目前有茶叶加工厂 7 家，茶社 6 家。成品茶每年产量 6 万斤，即使这样，依然供不应求。城市化进程不断加快，城乡关系越来越紧密，使得黄山村村民彻底打消了茶叶卖不出去滞留家中的顾虑，村落茶叶经济的发展与城市生活愈发紧密地结合起来，与海蜇业一起构成了新时期黄山村的支柱产业与经济收入的主要来源。

（五）核心风景区的利与弊：旅游业的兴起

1982 年，崂山被国务院评为首批"国家级风景名胜区"，依托这一资源，旅游业开始受到青岛市及崂山区政府的重视从而开展起来，黄山社区位于崂山核心风景区之中，距离太清宫 5.5 公里，离华严寺同为 5.5 公里。早在明朝就有时人感叹其秀丽的风景："沿路皆大石错落，忽峭壁，忽坐矶，苍松杂出其间，折而愈藩。即山阴道中未必尽如，此之天造也。"[2]（见图 4）不可否认的是，青岛市对景区的开发与随后旅游业的进驻大大促进了黄山村经济的发展，并为当地村民创造了丰富的工作机会，同时也吸引了大量市区、外地的游客前来参观游玩。这就带动了黄山村相关旅游产业的发展，直接宣传了作为黄山村特色的海蜇与茶叶，也使得村落与外界的交流更加频繁和方便。但是，旅游业的开展也给村落带来了一系列问题，首先是对土地的规划；其次，大量游客的涌入对村落生态环境造成了无法修复的破坏。这都是城市化进程中旅游业的发展对黄山村经济产生的重要影响。

旅游业的开展首先带来的就是村内吃住一体的农家宴的兴起。近年来，随着城市居民越来越注重生活品质的要求，逆城市化的现象逐渐凸显，这就使得城区居民在旅游时注重对农村生活的体验，而吃住问题又是游客在旅游时所要首先面对的问题。多年来，黄山村因旅游业而兴起的本地特色"崂山绿茶"、"崂山红茶"以及"海蜇宴"远近闻名，吸引着附近地区的

---

① 崂山区王哥庄街道黄山村志编纂委员会编《黄山村志》（内部影印版），2012，第 134 页。

② （明）黄宗昌：《崂山志·卷三·名胜，青岛》，新民印刷局刻印本，1916，第 11 页。

游客们慕名前来体验。2009 年村内因旅游而兴起的茶社、农家宴已有 10 余家，极大满足了城区游客的体验与需求，也带动了村内各行各业经济的发展。此外，旅游业还催生了其他针对游客的服务业，解决了村内大量青年就业的难题，截至 2009 年，黄山村在崂山景区内从事销售、摆摊、摄影、导游等旅游服务行业的有 205 人[①]，占到村落总人口的 20%，这对黄山村经济发展和社会和谐都起到了重要的作用。

尽管旅游业的兴盛带动了村内经济的发展，但是因此而产生的相关政策也严重制约和阻碍了村落的进一步发展，这一点也是当前中国旅游景区对村落影响的通病。黄山村村民对土地的利用受到景区保护政策的约束，同时大量外来游客的涌入也使黄山村传统的文化受到一定程度的冲击，还对生态环境造成了严重的破坏。因此，如何看待景区旅游业与村落经济之间的关系，也是城市化进程中黄山村经济发展和变迁所要面对的现实之一。

图 4　黄山村全景（摄影者：本文作者）

三　渔村社会的坚守与革新

村落社会的发展与政策的变动以及经济的发展息息相关，改革开放前，中国社会是乡土性的。[②] 由于各类合作社的存在，"国家政权曾经希冀采用一种集体主义的意识形态去改变中国农民传统的家本位观念，但结果却适得其反，集体主义精神似乎又被吸纳、内化进家族主义的观念体系之中"，[③] 这一点在黄山村体现得尤为明显。而改革开放以来，随着城市的不断发展，

---

① 崂山区王哥庄街道黄山村志编纂委员会编《黄山村志》（内部影印版），2012，第 143 页。
② 费孝通：《乡土中国》，中华书局，2013，第 15 页。
③ 张银锋：《村庄权威与集体制度的延续——明星村个案研究》，社会科学文献出版社，2013，第 311 页。

作为近郊渔村的黄山村的面貌发生了翻天覆地的变化，这一变化不仅仅体现在经济模式与产业结构上，还体现在村民生活的方方面面。[①] 经济的发展与变迁必然会对村落社会产生一定的影响。一方面，与城市之间的紧密联系给黄山村的社会和风俗移入了新的元素，使村内的一些传统逐渐融于现代；另一方面，村落中还有很多传统是无法消逝的，反而对城市的发展产生了一定的影响。因此，黄山村的社会变迁是一个传统村落自身机制与城市化相互渗透、融合、互补的过程。

（一）黄山小学：执着的教育传统

教育是体现渔村社会变迁的一个重要方面，同时也是城市教育体系的重要组成部分。黄山村的教育传统以小学教育的历史最为悠久，也最具时代特色。因此可以说，黄山小学的变迁史就是黄山村村落教育的变迁史。

20 世纪 30 年代，整个青岛市乡村失学儿童所占比重达到了 60%。[②] 针对当时社会上"渔村僻处海滨，交通不便，与外界鲜接触之机会，益以海之蕴藏无尽，取之不竭，生活较易，故求知之心薄弱，但得维持生计，不求更事进取，而地方人士复旧数十年轻渔之旧习，歧视渔民，不屑教诲提倡，故渔民对教育一切均难获平等待遇，故民智所以浅陋、渔业不振"[③] 的现象，时人王刚提出了在沿海各渔村设渔民小学免费招收渔民子弟的倡议，这就为当时在全国范围内兴建渔村小学奠定了良好的舆论基础。另外，黄山小学的建立还依托于村落良好的地理环境与政策影响。1926 年，沈鸿烈率东北舰队来到青岛时，就是在黄山村附近的青山湾登陆并在随后进驻太清宫，在当地开展了一系列重视教育的活动，例如将黄山村的私塾"北馆"改良成公立小学。此后 1931 年沈鸿烈正式成为青岛市市长时，更是开展了全面的乡村建设运动，短短三年间在全市乡村兴办小学 83 所。[④] 而黄山小学就是在这一时期正式建立的，于 1932 年在海崖正式竣工，占地面积 640平方米，[⑤] 室舍面积 110 平方米，建有正房两个教室，东厢一个办公室和住

---

① 于洋、韩兴勇：《渔民社会交往与渔村社会转型关系研究》，《中国渔业经济》2007 年第 2 期。
② 青岛市政府秘书处编《青岛市政府民国二十二年行政纪要》，1933，第 436 页。
③ 王刚：《渔村教育》，载《教育与职业》，1933。
④ 青岛市政府秘书处编《青岛市政府民国二十二年行政纪要》，1933，第 437 页。
⑤ 崂山区王哥庄街道黄山村志编纂委员会编《黄山村志》（内部影印版），2012，第 172 页。

所，在"北馆"上学的学生当年皆迁入新校，开启了黄山村对这所小学近百年的坚守与革新。

新中国成立前，由于政局不稳，社会动荡，百姓生活贫寒，大多数适龄儿童上不起学，小学毕业的寥寥无几。即使能上得起学的，也出现了明显的性别分化，"乡村儿童入学者，女生虽仅有百分之二十五，而男生则有百分之八十以上矣"。[1] 1953 年政府将黄山小学隶属青山完小，此后又因黄山村无公办教师，全部学生都迁入青山就读。但是这并没有使黄山村村民放弃对本村小学教育的坚持，1959 年村民们于村内创办黄山民办小学，虽然仅仅坚持了两年就被区政府撤销。此后在村民的不断努力下，1964 年黄山小学终于得到重新启用，到 20 世纪 70 年代逐渐普及了小学教育。这一时期由于《义务教育法》的颁布，加之青岛市教育政策的鼓励与扶持，学生人数不断增加。而黄山村经济的发展，村民人均收入的提升也使得对小学的建设有了保障。1990 年，黄山村决定在村北的黄棚地段建立新学校，总投资 24 万元（其中，区政府 4 万元、镇政府 2.5 万元、3 个办学村集资 9.5 万元、学校出资 2 万元、其他来源 6 万元），得到了村民们的大力支持，建成后的新校占地 3577 平方米。[2] 1992 年，黄山小学正式迁入新校址，开启了黄山村的社会教育发展的新时期。

黄山小学为黄山村的扫盲运动做出了巨大的贡献，也为改革开放以来村中高学历知识分子的培养奠定了基础，是整个青岛市教育体系的重要组成部分。黄山村一旧一新两所小学静静地矗立在村中，它们见证了近一百年来黄山村社会教育的变迁，也开启了黄山村与外界交流的大门，教育的开展让村民们看到了位于深山之中的全新的世界，这也是虽然随着时代的发展新的元素不断融入其中，但是村民对教育传统的坚守一直未改变的原因。从这新旧两所小学的身上，可以看出教育所蕴含的丰富时代烙印与黄山村社会变迁的痕迹，同时还可以看到城乡互融关系下黄山村民对过去传统的情怀与继承。

（二）民间信仰：日常生活中的心灵寄托

黄山村是一个有着丰富信仰传统的村落，尽管城市化的进程以及旅游

---

① 青岛市政府招待处编《青岛概览》，1937，第 65 页。
② 崂山区王哥庄街道黄山村志编纂委员会编《黄山村志》（内部影印版），2012，第 173 页。

业的开展使村落信仰文化受到一定程度的冲击，甚至受社会环境的影响还遭到毁灭性的破坏，但是这依然无法影响村民们对于信仰的虔诚。信仰的重建反而逐渐吸引了附近城区的居民，不仅没有随着时代变迁而消亡，却成为城乡二元体系下一道独特的景观，因此，从黄山村的信仰传统也可以看出社会的变迁，有民间谚语为证：

> 依山依海依城，依依相拥。
> 道家佛家仙家，家家相护。①

自然条件的束缚使得早期黄山村的农业开展十分艰难，这就使先民们的生活十分困窘，为了祈祷每年的风调雨顺、粮食丰收，神灵信仰也就自然而然地产生了。无论是种植粮食作物，还是上山采石砍柴，村民们都迫切需要心灵的庇护与慰藉，土地庙、山神庙、关帝庙便应运而生，成为村民们祈祷的主要场所。这也体现出当时人们靠天吃饭，生活艰难，由此迫切希望改变贫穷状况的时代特征。此后随着海洋渔业的不断兴起，自然灾害对渔船及渔民生命健康的破坏又使村民们产生了海神信仰，寻求保佑与平安。黄山村祭祀海神的场所主要是龙王庙和娘娘庙（见图5），始建于1916年，虽然庙宇曾被砸掉，② 但是依然无法影响人们心中对神灵的虔诚信仰。1992年，当黄山村的经济得到发展并有能力对毁坏的庙宇进行修复之时，村民们立马集资重新复建了龙王庙与娘娘庙。这个时期虽然村民们逐渐摆脱了贫困，但是信仰的力量却丝毫没有减弱，每年鱼汛季节和腊月十五进行的祭海活动被延续至今，并且十分隆重。从这也可以看出村民们信仰的牢固，并且带有鲜明的时代特征。

黄山村的狐仙信仰则可以更加明显地体现出城市化进程中村落社会的变迁。"胶东地区的百姓对狐狸有一种亲切感，导致人们对狐仙有一种天然的崇拜"，③ 加之《聊斋志异》等文学作品对灵狐信仰的塑造，加强了胶东半岛以及崂山地区村民对狐仙的敬畏之情，也促使黄山村狐仙信仰产生。20世纪20年代，村民在山上发现一处天然石洞，怀着对传说与神灵的虔诚敬

① 崂山区王哥庄街道黄山村志编纂委员会编《黄山村志》（内部影印版），2012，第1页。
② 崂山区王哥庄街道黄山村志编纂委员会编《黄山村志》（内部影印版），2012，第234页。
③ 黄桂秋、王雪丽：《胶东地区神仙传说类型及社会影响》，《中原文化研究》2013年第5期。

图5　黄山村山神庙、娘娘庙（摄影者：本文作者）

畏，便将其认作"胡三太爷"居住之地，集资修建，并请太清宫道人塑金身入洞安位。[1] 于每年正月初八举办庙会，香火旺盛，这是崂山最早举办狐仙庙会的地区之一，同时也是附近村民许愿求神的重要祭拜场所，逐渐成为与即墨岱山"东京"狐仙洞齐名的"西京"（见图6）。虽然此洞后来在"文化大革命"期间被拆毁，但是与海神信仰一样，狐仙信仰也没有从黄山村中消失，其所表达的有求必应的理念反而吸引了附近城区甚至是外市的城镇居民前来祭拜，这就导致了20世纪90年代重修狐仙洞时，不仅有黄山村本村村民的积极捐款，还出现了青岛市居民的投资，"修建了上山的石阶、半山口的石凳以及照明装置"，[2] 为的是方便城区不善于爬山的人前来祭拜。每到庙会之时，前来祭拜的有百姓、商人等，烧香、放鞭来庆贺"胡三太爷"驾临。"胡三太爷"也成为城市中怀揣着发财梦、仕途梦，以及许许多多寄托梦想的人士，实现梦想、行为观念的载体。由此可见，狐

---

[1] 崂山区王哥庄街道黄山村志编纂委员会编《黄山村志》（内部影印版），2012，第235页。

[2] 关于青岛市民投资修建上山道路的原因，还有一种明显违背科学的解释。黄山的狐仙洞建在山的最顶端，且全是小路，因此又高又陡非常危险。胡仙洞每天都有虔诚的信徒前去敬拜，其中有一位老妇人也是每年必去，相当虔诚。据说，有一年老妇人突然身感不适，去医院检查发现是癌症，正当家人一筹莫展之际，仙人在梦中现身点化，如可舍财为众生，修建黄山狐仙洞栈道可保安然无恙（妇人的儿子是岛城知名商人，财力方面是不愁的，只是之前不信神佛）。她的儿子很孝顺，为了母亲许愿一定会利乐众生，但求仙人保佑母亲平安。就这样，老妇人的病真的好了，而这位信士也还了所发誓愿，修起了盘山道，利乐了众生。

仙信仰的影响不仅局限于村落本身，还随着时代的发展影响到整个城乡关系的发展。

此外，从黄山村民的口述中，也可以看出黄山村信仰传统的浓厚：

> 在他（张信喜）年轻的时候，黄山村里有两个年轻人拿着水瓶去胡仙洞中替病重的母亲求药，当他们将瓶子放在洞口退回山头大石头上休息时，却看到了山另一头平常无法看到的军港，并且栩栩如生，军舰就跟在眼前一般清楚，半个时辰以后突然听到有人反复地喊"好了！好了！"此时山上别无他人，两人到洞口一看原来瓶中已满。两人回来途中路过大石头处军港却已消失不见。①

一个明显不符合科学常理的故事却被村民以十分庄严的语气说出，体现着黄山村民对信仰的敬重，从这也可以看出信仰在村落中的重要地位。

图 6　黄山村狐仙洞（摄影者：本文作者）

（三）婚姻：社会变迁的真实写照

"人类婚姻的出现，不是孤立的个人行为，而是关系到家庭、家族乃至

---

① 根据崂山黄山村村民口述整理，访问时间：2015 年 12 月 18 日；访问对象：ZXX，男；LYF，男。

社会的人与人之间社会关系的行为，它具有普遍的社会意义。"① 因此，婚俗也是体现黄山村时代特征的一个重要的方式，随着时代的变迁以及经济的发展，伴随着婚礼进行涉及的方方面面的变迁也是对社会变迁的一个侧面写照，如今的黄山村的婚俗几乎与城市无异，婚姻关系与过去相比也发生了翻天覆地的改变，体现了城乡之间的互相融合。

旧时的黄山村由于贫困，因此婚姻关系往往在村落内部解决，两个类似的家庭将子女互换给对方做儿媳或女婿，有的甚至三方互换亲。此后这一现象虽然好转，但是由于黄山村三面环山，进出不易，加之经济依然不富裕，这就对外地的女性没有任何的吸引力，婚姻关系依然还是以村内血缘与地缘为基础，村内青年结婚的选择对象也仅仅扩大到邻村的范围（如青山村、黄山口村、长岭村、返岭村、雕龙嘴村等），这一现象直到改革开放才得到改善。交通状况的改善，经济的逐步发展，海蜇业与茶叶种植业的兴起使村民的生活水平得到提高，才使远村或外省市的女青年愿意嫁入黄山村，村内婚姻关系的选择也越来越与城市趋同，这也是与城市化进程带来的社会变迁息息相关的。

婚俗的变迁也与社会变迁有着直接的联系，这一点在迎娶新娘的方式上体现得尤为明显，"文化大革命"期间过去娶亲常用的花轿被砸烂，当时村中青年结婚统一采用步行，十分符合这一时期的时代特征。"文化大革命"结束后，自行车与摩托车的方式逐渐流行，② 1975 年，黄山大队顺应当时的潮流，举办了首届集体婚礼，并持续了三届，并吸引了 24 对新婚男女青年参加。③ 改革开放以来，随着经济的发展，汽车开始用于迎娶新娘，并且档次越来越高，数量也越来越多。过去的传统礼俗也逐渐被西装婚纱、婚礼摄像、在饭店办喜宴所取代，婚礼的进程也几乎与城市中无异。由此可见，婚俗的变迁几乎体现了黄山村社会变迁的方方面面。

（四）住宅：伴随时代发展的不断更新

传统住宅的变化可以体现出社会变迁对渔村村民的生活产生的巨大影响。不同时期村落村民的住宅有着不同的特色，具有鲜明的时代烙印，从

---

① 顾久幸：《长江流域的婚俗》，湖北教育出版社，2005，第 1 页。
② 青岛市崂山区志编纂委员会编《崂山区志》，方志出版社，2008，第 615 页。
③ 崂山区王哥庄街道黄山村志编纂委员会编《黄山村志》（内部影印版），2012，第 225 页。

村民对住宅的不断建设与更新中，也可以看到黄山村社会变迁的一个缩影。

由于崂山地区盛产石头，石料的坚固也对抵御海风海浪的侵袭有着天然的优势，因此，黄山村村民住宅的变迁与村内采石业的发展息息相关，背山面海的自然环境也使早期的黄山村住宅以胶东半岛特色的石头海草房为主，根据 1951 年的统计，黄山村有草房 635 间。① 住宅的建设十分简陋，村民们对房屋的要求也仅以能遮风挡雨为主，这是由于当时黄山村经济比较落后，村内又没有石匠，房子外墙只能以鹅卵石为主，有条件的人家可以请瓦工盖房，多用条子石，结果还是宽窄不一，十分难看。后来虽然有了石匠，掌握了用石头替代鹅卵石作为外墙的材料的技术，但是房子外表依然盖得不是十分漂亮，室内没有装潢，墙壁是泥沙抹面。居住条件的粗糙与简陋也反映出当时社会经济的落后以及村民生活水平的低下。

改革开放以来，随着经济的不断发展和与城市交流的密切，村民们开始对住宅样式和舒适度有了更高的要求，石头房逐渐被淘汰，新式的混凝土砖房则取而代之，成为村内主要的住宅方式。近年来，由于土地政策对宅基地的束缚，村民们为了增加住宅面积只好采取盖楼房的方式，同时在装修过程中对房屋的布局参考了城市住房的规划，不仅保留了传统渔村住宅的外貌，还拥有了现代化住宅的内部样式。截至 2011 年，全社区共有民房 375 处，其中平房 245 处，楼房 130 处。② 黄山村村民住宅从草房到石头房再到现代化砖房的变迁过程也正好与城市化对村落社会影响变迁的进程相符，体现了城乡二元体制下黄山村村落传统与社会发展变迁的完美融合。

四　结语

半个世纪的风雨，对于一个人来说，相当于走过了其人生旅程中的大半，对于一个村落来讲，则仅仅如过往云烟般转瞬即逝。但是，回顾黄山村这近半个世纪以来的发展，无论是经济结构的更新还是社会生活的变迁，都不是转瞬间就可以总结完整的。在港口城市的发展与农村现代化关系越

① 崂山区王哥庄街道黄山村志编纂委员会编《黄山村志》（内部影印版），2012，第 96 页。
② 崂山区王哥庄街道黄山村志编纂委员会编《黄山村志》（内部影印版），2012，第 203 页。

来越紧密的今天，作为一个近郊渔村的黄山村的地位也就愈发重要。

黄山村有着独特的自然地理环境，村内大面积的黄沙土质决定了其不适合发展农业的格局，村民们为了谋生只能背山面海，开展采石业与海洋渔业，以此来换取生活必需品，这又促使了海洋运输业的兴起，因此早期黄山村的经济模式在一定程度上是自然环境所决定的，而青岛城市化的深入开展，崂山区乡村城市化的步伐也不断加快，档次也不断提高。旅游业的开展、交通条件的改善使黄山村与外界经济交流更加频繁，村落经济也逐渐服务于城市发展的需要，这也是黄山村海蜇业与茶叶种植业兴起的一个主要原因。正是乡村与城市关系的不断紧密才让位于崂山深处的黄山村被城镇居民熟知，并且以"青岛海蜇村"的称号声名远播，吸引着不同地区的游客先后前来一睹为快，使黄山村的经济发生了翻天覆地的变化。但是，过于追求速度、追求结果的城市化也在一定程度上阻碍了黄山村的发展，在旅游业带来的一系列政策制约下，维持村落的现状已成为不可逆转的趋势。

经济的发展必然对社会产生影响，同时城市化的进程，与城市交流的日益密切也对黄山村村民的日常生活产生了一系列的影响，几乎贯穿于村民衣食住行的方方面面，大大加快了农村现代化以及乡村城市化的进程，这其中尤其以婚俗和住宅为代表和特色。生活在现在的黄山村中，除了自然环境的不同外，几乎不会感觉到与在城市中的生活有任何区别，这也可以体现黄山村社会面貌的巨大变迁。但是，城市化的进程虽然可以改变村民们的生活方式，也可以改变村子的容貌，使它在面貌上看起来与城市并无差别，但是社会的变迁却改变不了黄山村村民的传统，就如这半个世纪以来对小学教育顽固的坚守。这也是黄山村村民所固守的传统，是社会变迁与城市化所无法改变的传统，正是因为这份坚守与执着，将黄山村的文化反作用于城市化的进程中，影响了城镇居民，也将自身村落的独特性和完整性得以保存，没有重蹈麦岛渔村在城市化进程中消失的覆辙。①

以黄山村为代表的青岛崂山区沿海渔村自身具有独特的建筑风格和文化意蕴。保护好这些沿海渔村独特的民俗和风貌，保持这些村庄在地理分布和社会组织上的完整性，在发挥其自身特色经济产业的基础上进一步发

---

① 王婷荣：《青岛传统渔村文化研究》，硕士学位论文，中国海洋大学，2014。

展并深度发掘这些村落丰富的文化资源，做出符合城市自身与近郊乡村共同发展的合理规划和功能定位，在保持村落独特性传统的基础上发展最适合村落的特色经济，这就是黄山村未来的最终归宿，也是留给后世的一笔宝贵遗产。

海洋生态与海洋环境

中国海洋社会学研究

2018 年卷 总第 6 期

第 95~102 页

© SSAP，2018

城市、乡村与风险分配的空间差异*

——从海洋灾害、环境污染看社会抗争的城乡差异

王书明　　王涵琳**

摘　要： 美国史上危害程度最严重的卡特里娜飓风，造成了超过 1800 人的死亡，其中绝大部分受灾区域集中在乡村，但乡村社区并没有得到应有的关注。灾害风险分配存在明显的城乡差异。乡村社区灾害风险暴露水平明显高于城市社区，乡村社区的居民比城市社区居民更容易暴露于环境危害之中，乡村社区的居民承受着不成比例的灾害风险。乡村社区居民的风险规避能力又明显低于城市社区的居民。相比于城市居民，乡村居民承担了更多的灾害风险，这是因为政府行动明显地倾向城市和城市居民，另外，也与乡村居民的知识水平、社会资源、话语权有关。而城市社区和乡村社区在经济条件、拥有的社会资源的不同，以及表达环境利益的诉求时途径选择的不同，导致了在争取权益和进行社会抗争时产生的不同结果以及效果，也就是在社会抗争中出现了明显的城乡分化。

关键词： 乡村居民　城市居民　风险分配　环境公正　环境抗争

城市和乡村不仅仅是社区类型的不同，在一定程度上也代表了不同社

---

* 本文系王书明主持的教育部人文社会科学研究规划基金项目"环渤海区域生态文明建设的宏观路径研究"（13YJA840023）、山东省社会科学规划重点项目"山东半岛蓝黄经济区生态文明建设研究"（12BSHJ06）阶段成果。

** 王书明，中国海洋大学社会学研究所教授，主要研究方向：海洋社会学与海洋政策、环境社会学与生态文明建设；王涵琳，中国海洋大学社会学专业硕士研究生。

会分层，城乡在居住空间上差异绝不仅仅是自然的空间差异，而且是包含自然差异的社会差异，还相当复杂。这些复杂的差异在社会运行的不同状态下表现各不相同。环境社会学研究揭示了在灾害发生时，在环境风险发生时，城市和乡村居民所受到的方方面面的不平等的待遇。

2005 年，卡特里娜飓风是美国史上发生的破坏程度最严重的飓风，造成了超过 1800 人死亡，但飓风的发生也引发了关于政策和法律一直忽视的区域灾害风险的问题。飓风发生前两天，美国国家大气海洋局成功预报了此次灾害，但在发布灾害后，乡村居民因为交通受阻及通信不畅未能成功撤离该地，而在灾害发生后，乡村地区同样没能获得更多救援力量，政府和媒体明显将关注、救援的中心放在城市地区，而受灾最严重的乡村地区并没有获得及时的救助，当地居民只能一直被困在受灾区域，也正是在此过程中造成了大量的伤员死亡。这桩自然灾害是不可避免的天灾，但在天灾背后更多潜藏的是人祸，灾害风险分配存在明显的区域差异。作为发达国家，美国在城市和乡村之间依然存在环境不公正的问题。乡村和城市在环境利益分配方面存在明显的不均衡，相比于城市地区，乡村地区的环境利益明显处于弱势地位。

从道理上讲，乡村地区和城市地区的区民都拥有同样的环境权益，都拥有所居住环境不受污染、破坏的权利，也都拥有与权利相匹配的保护环境的义务，在灾害发生时也应承担同等的灾害风险。但真实情况则不然，乡村居民和城市居民在享有的环境权利、应遵守的环境保护义务及应承担的灾害风险之间呈现明显的不成比例的关系。乡村和城市的灾害风险分配不公平，也就是环境利益分配格局的不均衡，灾害风险聚集在底层乡村居民那里，而财富和资源却聚集在上层。美国卡特里娜飓风重灾区大多数是乡村，受灾人群也大多数是乡村居民。那些在经济和社会地位上处于弱势地位的人在地理区域上同样处于脆弱的地位——包括那些受教育程度低、收入低、年龄大的少数人群。

一　灾害风险分配的区域差异比较

卡特里娜飓风的发生造成了大量的人员伤亡，损失严重，其中绝大部分受灾区域集中在乡村。乡村地区灾害风险暴露水平明显高于城市地区，乡村地区的居民比城市地区居民更容易暴露于环境危害之中，乡村地区的居民承受着不成比例的灾害风险。同时乡村地区居民的风险规避能力又明显低于城市地区的居民。由此可以看出，灾害风险与居民的区位分布有关，灾害风险分配存在明显的区域差异。

环境公正作为度量环境质量与社会阶层之间关系的标尺，它关注基于社会结构、环境资源和负担在社会中的分布问题，而公众在灾害风险中的暴露状况成为衡量环境负担分布的重要指标。20 世纪 80 年代以来，西方学者围绕环境公正的讨论集中在环境负担或风险在人群中的分布问题上，关注灾害风险与种族、收入、社会阶层等要素之间的关系上。① 卡特里娜飓风受灾严重区域集中在乡村，并且该区域居民在经济、社会地位以及受教育程度上均处于弱势地位。② 弱势地位导致环境灾害来临时，更容易受害。

首先，乡村地区居民的灾害风险暴露水平明显高于城市地区，乡村地区的居民更容易暴露于灾害风险和危害当中。我们可以从乡村居民的居住环境追究这种原因。从卡特里娜飓风的发生来看，之所以会产生这种灾害风险分配的不公平现象，从乡村居民自身来看，是因为囿于自身经济水平，乡村居民只能选择在城市外低廉的、条件比较差的住宅区域，都是易受灾害侵袭的区域。在卡特里娜飓风发生时，区域脆弱感可以归纳出很多因素，一个直接的因素就是受害人群所住位置接近温暖、潮湿的海水区域，比如墨西哥湾岸区。因此，就变成了容易受到飓风袭击的区域（或者是其他背景，或者是容易受到地震或龙卷风或是其他自然灾害）。还有一个要考虑的因素就是那些住在低海拔或有排水问题区域的居民，一旦洪水暴发，这个区域的风险就很大。③ 这些都是由于收入水平低下的他们并没有明确意识到自身所住区域和自然灾害易受灾区之间存在直接的因果关系。由于自身知识能力有限，乡村居民并没有意识到灾害的发生，他们对灾害的认识来自

---

① 龚文娟：《社会经济地位差异与风险暴露：基于环境公正的视角》，《社会学评论》2013 年第 4 期。

② Robert D, Bullard, Beverly Wright. *Race, place, and environmental justice after hurricane katrina: struggles to reclaim, rebuild, and revitalize new orleans and the gulf coast.* Boulder: Westview Press, 2009, p.52.

③ Robert D, Bullard, Beverly Wright. *Race, place, and environmental justice after hurricane katrina: struggles to reclaim, rebuild, and revitalize new orleans and the gulf coast.* Boulder: Westview Press, 2009, p.52.

灾害发生后切身的体验，来自其生产生活状况的改变。当灾害威胁到人身安全时，他们才意识到原来的房子并不适合生存、居住，但为时已晚。卡特里娜飓风发生前，美国国家大气海洋局成功预测了此次灾害，并在灾害发生前两天发布了预告，但州政府对居民采取何种预防措施并不实施强制手段，仍有部分居民抱有侥幸心理，在提前两天得到消息的情况下也没有撤离此地。这种灾害意识的滞后性使得乡村居民只有在灾害发生、环境污染后才寻找解决问题的途径，乡村居民的环境与灾害意识来自已经产生危及自身生命安全的环境事件后的微弱反抗，而非出于防患于未然的权利意识。卡特里娜飓风的发生便印证了这一点。

其次，乡村居民的灾害风险规避能力又明显低于城市居民。风险规避能力是指个体拥有的降低环境危害、处理风险影响的能力和资源。① 从某种意义上来说，风险规避能力本身就是社会经济地位的一种折射或者体现。社会经济地位高意味着拥有较好的经济、政治、社会资源和话语权力等风险应对能力，能利用人际关系网络动员资源，规避风险，甚至在一定程度上影响灾害风险分布格局。飓风发生之后，乡村居民和城市居民的风险规避能力也就变得高下立判了。相比于城市居民多样性的环境利益表达方式，乡村居民表达环境利益的途径就单一极了，乡村居民只能单一地向上级政府反映自己的利益诉求，但是乡村社区的基础设施不健全又给乡村居民表达自己的环境利益蒙上了阴影，在卡特里娜飓风发生地，通信和交通不便，遥远的乡村社区也因为其地理位置处于不利位置。比如，许多偏远乡村社区没有高速路，只是些没有铺砌的小路，这也会成为灾害发生时人们撤离的障碍。② 另一个劣势就是偏远乡村社区人口分散，分布不均匀，会使救助工作产生不便，比如灾害提示、疏散、救援等不同阶段都会因人口分散不均及交通受阻而不能有效开展。这种在物理空间和社交上的断裂，以及交通的不便，在许多偏远的乡村都会成为救援的阻碍。同时，乡村社区的基础设施不健全，也致使乡村居民在维护环境权益时资源动员能力不足，乡

---

① 龚文娟：《社会经济地位差异与风险暴露：基于环境公正的视角》，《社会学评论》2013 年第 4 期。

② Robert D, Bullard, Beverly Wright. *Race, place, and environmental justice after hurricane katrina: struggles to reclaim, rebuild, and revitalize new orleans and the gulf coast.* Boulder: Westview Press, 2009, p. 52.

村地区交通设施不完善，乡村居民表达环境利益的途径单一，在没有交通设施的条件下，就更不可能利用这些条件来诉诸自己的环境利益，充分利用这些资源来解救自己。同时受制于乡村地区位置偏远、分散的特点，乡村居民之间距离非常远，单个村庄人口又少，这样就难以形成有规模、组织化的利益表达群体，单个的乡村居民在表达自我利益受损时，总显得势单力薄。当乡村居民没有渠道表达自己的利益诉求及所处困境时，政策制定者也就无法得到直接的反馈和意见，也就会在政策制定时忽略乡村居民群体的利益，忽视在灾害风险发生时乡村和城市面临的不同情况，导致乡村居民在环境问题发生时受到伤害。

二 环境抗争的城乡分化

从卡特里娜飓风中看出，乡村居民和城市居民掌握的资源不同，他们拥有的知识水平也不同，所以在进行捍卫自我环境利益时的手段、进行环境抗争的手段也就不同了，参照我国环境抗争的实情，乡村居民和城市居民在进行环境利益的维护、环境抗争时具有明显的阶层分化。

乡村居民将日常生活和体验的环境污染转化为"法律事实"需要较强的知识和能力[1]，而这对于接受教育水平不够、教育程度普遍较低的乡村居民而言，是非常困难的，他们很难理解这种法律事实，以及运用法律武器来捍卫自己的环境权益。大多数情况下，乡村居民处理环境利益受损、环境权益分配不平衡的事情时依照长期以来所受到的道德观念来思考，当他人侵犯自己的权益，他们便会义无反顾地投入捍卫自己利益的行动中去，这种行动逻辑简单也直接，他们会直接向对他们造成环境利益受损的一方找说法或是直接向上级部门反映自己的处境，乡村居民这种"找说法"的做法也就是要求对造成他们环境利益受损的企业一方停止这种环境破坏的行为，他们行动的目标即是互不妨碍，和平共处。[2] 江苏省沙岗村乡村居民在当地化工厂发生气体泄漏后，首先做出的行动选择就是找化工厂协商，

---

① 陈辉、欧阳静：《农村居民环境抗争中的"多元博弈"》，《中共福建省委党校学报》2014年第 4 期。
② 罗亚娟：《依情理抗争：农民抗争行为的乡土性——基于苏北若干村庄农民环境抗争的经验研究》，《南京农业大学学报》（社会科学版）2013 年第 13 期。

要求他们停止这种污染行为，不可再排放污染气体，但是他们并没有如愿。"找寻说法"这种做法的结果往往并不尽如人意，因为上级政府和企业者其实是利益捆绑者，不可否认的是，企业在给当地造成污染的同时，也给当地贡献了财政收入，所以在处理此类问题时，政府为了当地财政收入，官员为了政绩，并不会轻易地将天平倾向于乡村居民，他们更愿意将自我的利益放在最重要的位置，所以也多采取"息事宁人"或"压制"百姓的做法。环境协商会因此演变为环境抗争，解决环境问题的过程成为多方博弈的过程。广西某地方政府为保护糖厂利益，采取阻止、镇压乡村居民抗争的做法更加激起了乡村居民的斗志，镇压—反抗—镇压，这种压制的做法更会激起反弹，乡村居民只能群起攻之，用简单粗暴的暴力解决问题。既然乡村居民在体制内解决不了自己的问题，他们也就只能在体制外寻求解决问题的方法，事情也就从最初的"讨说法"演变成后来的"暴力反对"，"温和反对环境污染"也就变成了"暴力反对环境污染"，正是在这一过程中，环境抗争性质发生了变化。

城市居民在环境利益受损时往往采取与乡村居民截然不同的做法。2004年，北京百旺家园业主维权案的做法便是典型城市居民的做法，小区居民自发组织、签名抵制高压线路的架设。他们并没有向小区所归属的区政府反映事件，而是直接越级反映给北京市环保局、北京市政府以及温家宝总理。城市居民行动策略高明得多，他们越过紧紧相连的利益同盟者——区政府和造成污染的企业，而是直接反映给没有利益瓜葛、不存在政绩比较的市政府，这种做法就避免了许多无用的工作，也就避免了形成乡村居民群体在表达利益时的尴尬处境，城市居民目标指向明确，并且明显地规避了被压制的可能性。区别于乡村居民组织群体的盲目性和等待政府解决问题的被动性，城市居民在组织利益表达群体时呈现强组织化和主动性的特点。一个人社会经济地位越高，社会关系网络就越强大，关系网络的疏通能力就越强，开展环境抗争的可能性就越高，反之则选择沉默的可能性越高。不同社会经济地位的人在社会网络中所能支配和调用的资源不同，关系网络仍然是影响城市阶层社会维权运动发生及其结果的重要因素。[1] 并且在维护环境利益的时候，北京市百旺家园业主运用了互联网与手机短信等

---

① 冯仕政：《沉默的大多数：差序格局与环境抗争》，《中国人民大学学报》2007 年第 1 期。

新传媒，在具体的动员过程中发挥了重要的作用。小区居民利用自己小区的网页交流维权过程的信息、分析问题并互相给予支持和鼓励。① 互联网和手机的使用也是城市居民在资源使用过程中与乡村居民的不同，因为互联网的使用在乡村还不普及，而且乡村居民对互联网也并不熟悉，所以他们无法运用互联网来表达自己的环境利益诉求，这也就阻碍了他们在网络上发声、造势，引起新媒体和大众的关注，所以他们的环境利益诉求变得渺小了许多。而城市居民在使用手机、互联网等新型设备的过程中也就形成了新的组织方式，虚拟网络中发声拓宽了事件的影响度和广度，能够动用网络资源表达自己真实的心声，引起广大网民们的共鸣和声援，在极其短暂的时间内成功引起各方关注，在博得关注后发酵为社会事件，最终在社会范围引起关注，这样环境事件的解决也变得迅速、通畅了许多。

还有值得注意的一点是，乡村居民和城市居民在维护环境利益时诉求表达上的不同，乡村居民只有在环境利益受到损害时才会启用保护的机制，他们在维权时更多是基于生存伦理而非权利意识。② 这种诉求的表达在最终的环境利益维护中便形成了一种"我是受害者"的可怜姿态，所以行动时采取的往往是非理性的手段，在抗争中我们往往看到哭天抢地的乡村居民群体，这些乡村居民群体中多是女人等弱势群体，这些都是靠博取同情来获得自我的利益。而在城市居民维护自己利益的过程中，他们选择策略的时候，一方面是表达自己的利益诉求，另一方面是表达公民权利的诉求，这种诉求方式合理合法，并且有据有理，具有说服力。在 2009 年的广州"番禺垃圾焚烧厂"的环境议题中，城市居民就是将这两种利益诉求合理地表达出来，更具理性化和合理性，这种表达自我环境利益诉求的方法将环境抗争演化为暴力事件的可能性就变得微乎其微。

三 结论与讨论

从中美两国的案例可以看出，灾害和环境风险分配不平等问题在世界上普遍存在，不仅在发展中国家存在，即使像美国这样的发达国家也存在

---

① 童志锋：《历程与特点：社会转型期下的环境抗争研究》，《甘肃理论学刊》2008 年第 19 期。
② 于建嵘：《当前中国农村居民运动的一个解释框架》，《社会学研究》2004 年第 2 期。

明显的城乡差异。因此，加强乡村社区的抗灾能力建设是世界性的挑战。乡村社区在灾害风险分配和灾害风险规避方面均处于弱势地位，与高收入、社会地位高的城市居民相比，乡村居民所具备的风险抵抗能力明显弱于城市社区的居民。从风险抵抗角度来看，城市社区居民拥有社会资本和政治资本，可以通过动员各种社会资源来规避风险。在卡特里娜飓风发生后，媒体的报道均指向城市社区，交通和通信设施发达也帮助他们能够在最短时间内摆脱困境。而对同为灾害风险承受者的乡村居民而言，他们既缺少灾害风险转移能力，也缺少灾害风险规避能力，承担更多的灾害风险成为必然。乡村居民由于经济收入低、支付能力不强，为了保证基本的生活和工作的顺利进行，不得不成为"风险暴露人群"。乡村和城市在灾害风险分配方面存在不均衡的状况，乡村居民灾害风险明显大于城市居民。不仅在灾害风险分配方面存在城乡分化，在争取自己的环境利益、进行环境抗争时也存在明显的城乡分化，造成这种城乡分化的原因很多。乡村居民知识水平限制了他们争取环境利益、进行环境抗争的能力，而所掌握的资源的有限性也限制了他们争取自己的环境利益。环境公正制度建立和能力建设还有很长的路要走。

中国海洋社会学研究

2018 年卷　总第 6 期

第 103～116 页

© SSAP，2018

沿海地区居民海洋环境风险
感知状况的研究[*]

——基于青岛市的调查

赵宗金　郭仕炀^{**}

摘　要：社会转型过程中，沿海地区居民的风险感知呈现高感知状态。在本次研究中发现，海洋环境风险感知开始逐步具有引起公众关注、表现突出、危害性较大、难以控制而又难以预测的风险事件特征。研究表明，在性别、政府信任度变量上公众海洋环境风险感知具有显著性差异；而教育程度、收入水平、就业状态、宗教信仰及社会经济地位并不呈现显著性影响。从海洋环境风险感知的分布结构来看，政府信任水平较低的农村女性居民的海洋环境风险感知水平是最高的。

关键词：环境风险感知　海洋环境风险　分布结构

在全球化的进程中，由人类活动所导致的风险逐渐占据主导地位，尤其是近代之后在技术的推动下，环境风险已经成为人类生存发展面临的严重威胁。我国经济高速增长的过程，也伴随着累积的环境风险，这种风险尤其体现在城市化进程之中。城市化不仅仅对经济结构和社会结构进行重大调整，也对人地关系、自然环境造成直接或间接的影响。东部沿海地区

＊　本文系国家社会科学基金项目"我国海洋意识及其建构研究"（11CSH034）的阶段性成果。

＊＊　赵宗金，中国海洋大学法政学院副教授，博士，硕士生导师，主要从事海洋社会学与社会心理学研究；郭仕炀，中国海洋大学社会学专业硕士研究生，研究方向为海洋社会学。

是我国城市化的先行军，目前已经达到了一定的阶段，也产生了许多需要进行调和的问题。研究已经表明，转型期的中国面对的风险是复合型风险。就面对的社会风险而言，沿海城市相比于其他城市，除了社会风险和一般的环境风险之外，还要应对来自海洋环境的独特风险。海洋环境污染、海洋物种入侵、滩涂退化、核物质泄漏、石油泄漏、海洋倾废等一系列新问题，包括与之有关的一系列恶性事件，都在不断地强化沿海居民的海洋风险感知。考察海岸带不同区域和不同城镇化水平居民的风险感知状况，有助于更好地应对相应的风险。

一 海洋环境风险的概念、类型与测量

（一）海洋环境风险的概念及类型

1. 海洋环境风险的概念与特征

海洋环境风险是由于不确定因素（自然活动及人类活动）对海洋环境及海洋周边环境产生一定影响，将可能对自然环境、海洋生态系统以及与之相关人员的身体健康、心理健康、利益造成一定损害的环境风险。

目前学者对海洋环境风险感知的研究多关注海洋的中介作用及人为因素。学者们多是将风险源头指向了人类活动，环境风险具有了更多的人化色彩，而海洋只是起到了中介作用，最终受损的是环境与人类双方。如王莹等便强调海洋是风险传递的媒介，最终损失由人类承担；[①] 张宇龙则更加强调风险源头是人类的直接或间接活动；[②] 王刚则不认为风险仅仅来自海洋或者人类，还来自海洋周边区域。

从定义来看，风险源头是人类活动、海洋及周边生态变化，遭受风险的也是这些客体。除了在研究中多次提及该影响的广泛性外，崔凤、张双双在对墨西哥湾溢油事件评析中，还强调风险的隐蔽性、治理难、后果难以评价；[③] 王刚、张霞飞对此描述得更为具体，从空间、时间层面上描述了

---

① 王莹、穆景利：《区域 PTS 海洋环境风险评价研究进展》，《海洋环境科学》2011 年第 30 期，第 301～304 页。

② 张宇龙：《海洋环境风险评价及应用研究》，硕士学位论文，天津大学，2014。

③ 崔凤、张双双：《海洋开发与环境风险——美国墨西哥湾溢油事件评析》，《中国海洋大学学报》（社会科学版）2011 年第 5 期，第 6～10 页。

其源头之多，波及范围之广，影响因素之复杂，[①] 所以海洋环境风险从源头上是隐蔽的、多元的，从时间跨度上是不确定的、易爆发式的，从空间维度上影响是多客体的，影响因素是多样而复杂的。

2. 海洋环境风险的类型划分

王刚、张霞飞在对相关特征进行厘清后，将海洋环境风险按照不同标准进行分类，呈现至少五个不同方面的划分（见表1）[②]

表 1　不同划分标准的海洋环境风险

标　　准	类　　型
风险的显示度	海洋污染风险和海洋生态风险
海洋环境领域	海洋陆源污染风险、海洋倾废风险、海上溢油风险、海上交通风险和海洋生物入侵风险
风险来源	区域内海洋环境风险和区域外海洋环境风险
人类的影响力度标准	海洋开发中的环境风险和海洋系统中的环境风险
风险的主客观维度	客观的海洋环境风险和主观的海洋环境风险

根据以上分类标准，我们可以看到，海洋环境风险中显示度最高的是海洋污染风险，尤其体现在海洋环境领域，而在生活中最为人们所熟知的也是海洋环境污染，并且无论是在主观还是在客观上都会影响到公众对风险的感知。因此，在本次研究中，将以公众对海洋环境污染的感知作为主要研究对象。

（二）环境风险感知的维度预测与测量

1. 环境风险感知的维度

环境风险感知是人类在生物本能及文化因素的基础上，利用自身感知对外界各种环境风险的认知和响应。国外学者们在 20 世纪 60 年代核技术出现后，开始关注环境风险感知的研究，主要关注"了解程度""影响程度""控制程度"等，总体上可归为人们对风险后果的感知与对风险发生概率的

---

① 王刚、张霞飞：《海洋环境风险：概念、特性与类型》，《中国海洋大学学报》（社会科学版）2016 年第 1 期，第 7~12 页。

② 王刚、张霞飞：《海洋环境风险：概念、特性与类型》，《中国海洋大学学报》（社会科学版）2016 年第 1 期，第 7~12 页。

感知。

国内学者则不仅仅关心公众对后果及发生概率的感知，还注重公众对环境风险所采取的态度，以及控制风险的能力，强调人的应对性。张海燕等人在 1992 年调查中国大陆公众对 20 种环境灾害的风险感知状况时采用"危险等级""危害程度""人群自愿程度""社会控制能力""人群的风险了解程度"五个环境风险特征作为衡量维度。[①] 王刚从可接受的风险、可预防的风险、所认为的风险以及生态的风险四个维度对环境风险认知进行划分。就目前的研究而言，对环境风险感知的维度划分主要是基于后果与发生概率两个方面，从而衍生出危害程度、影响、可控性等诸多维度，因本次研究为探索性研究，所以不过多进行维度设计，仅使用风险后果与风险概率两个感知维度进行测量。

2. 环境风险感知的测量范式

（1）心理测量范式

到目前为止，对风险感知测量形成了多种测量方式，但是最常用的是心理测量范式。该范式由斯洛维奇提出，核心是认为风险感知可以被量化和预估；前提假设之一就是风险是主观的风险，而不是客观的风险，侧重对风险根源的主观特征和主观感受的测量。国内应用心理测量范式对环境风险认知的研究起步较晚，大部分始于 2003 年的 SARS。李华强、范春梅等在对地震中重灾区与非重灾区公众风险感知对比分析时，采用了熟悉性、控制性、灾难的巨大程度、恐惧程度等指标进行风险感知测量。[②] 张璇在测量受灾区与非受灾区青少年风险感知研究时，便将维度划分为风险评价、情绪反应、行为倾向。[③] 李盈霞从灾害相关信息、信任、灾害熟悉程度和控制程度四种因素对风险感知的影响情况角度进行探讨。[④] 整体上对风险感知的研究所采用的维度，都与风险后果、风险发生概率有关。

---

① 转引自张海燕、葛怡、李凤英、杨洁、毕军《环境风险感知的心理测量范式研究述评》，《自然灾害学报》2010 年第 1 期，第 78 ~ 83 页。
② 李华强、范春梅、贾建民、王顺洪、郝辽钢：《突发性灾害中的公众风险感知与应急管理——以 5·12 汶川地震为例》，《管理世界》2009 年第 6 期，第 52 ~ 60、187 ~ 188 页。
③ 张璇：《环境风险认知评价的情绪理论模型》，硕士学位论文，吉林大学，2011。
④ 李盈霞：《公众对台风灾害的风险感知和应对行为研究》，西南交通大学，硕士学位论文，2014。

（2）风险感知概念模型

兰福德等人描述了一个概念性模型，包含多种因子用于说明风险感知变化。[1] 风险感知概念模型是从个体认知角度对环境风险感知进行研究。当人们在评价一个环境风险时，会为了实现简化目的，在缺少现实数据支持的情况下，依靠心智水平、社会关系、社会事件、先前经验等诸多因素，采取易获得策略、代表性策略、锚定调整策略或乐观策略等进行事件的认知，而产生的对环境风险的认知偏差。国内学者多以此模型研究公众面对社会风险中的心理机制和认知偏差，如谢晓非、郑蕊在研究公众面对 SARS 这一社会风险时发现，公众心理反应模式便是依照三种模式出现认知偏差。[2] 从该模型出发进行海洋环境风险感知的研究具有一定借鉴意义，可以更好地解释出现群体特征的原因。

（3）社会放大效应模型

风险社会放大框架将风险的技术评估、风险感知和风险相关行为的心理学、社会学研究以及文化视角系统地联系起来，认为"风险事件与心理的、社会的、制度的和文化的过程之间的相互作用会增强或减弱公众的风险感知度和相关的风险行为、行为模式，以及继而产生的次级的社会或经济后果，也有可能增加或减少物理风险本身。次级效应激起对制度反应和保护行动的需求，或相反（风险减弱的情况下）阻碍必要的保护行动。这样，风险体验的社会结构和过程，对个体和群体认知产生的后果，以及这些反应对社区、社会和经济造成的影响，共同组成了一个一般现象"[3]。对于风险事件的直接体验可以影响放大效应，新闻媒体和非正式的人际网络在公众对风险的解释中起着重要的作用，进而影响风险应对行为。它将风险视为一个客观特性又看作一种主观建构，在风险感知研究中别具一格，多用于研究风险群体性事件。

---

① 转引自孟博、刘茂、李清水、王丽《风险感知理论模型及影响因子分析》，《中国安全科学学报》2010 年第 10 期，第 59 ~ 66 页。

② 谢晓非、郑蕊：《风险沟通与公众理性》，《心理科学进展》2003 年第 4 期，第 375 ~ 381 页。

③ 卜玉梅：《风险的社会放大：框架与经验研究及启示》，《学习与实践》2009 年第 2 期，第 120 ~ 125 页。

二 样本、程序与方法

（一）抽样

本次调查最初选定抽取样本 5000 份，采取的抽样方法为多阶段抽样、分层抽样与整群抽样。本次研究抽样时，首先确定各区市的样本数量，及各区市城乡比例，之后根据青岛市统计年鉴中所载的行业从业人数，确定各行业的样本数量，然后按比例交叉，确定每个区市各个行业的样本人数及 SSU（Secondary Sampling Unit）数量，形成本次研究所用的抽样方案。

（二）问卷与变量

本次调查所采用问卷借鉴已有风险感知问卷，选取 15 项常见风险作为因变量，确定风险的社会危害性及近期发生可能性为研究对象，从性别、年龄、受教育程度、收入、就业状态等方面测量个体特征，从宗教信仰、自评社会经济地位、政府信任等方面研究受访者社会心理状态与海洋环境风险感知的关联，整体上对比沿海地区城市、乡镇、农村三级居住类型的海洋环境风险感知状况。

三 公众环境风险感知的基本状况

（一）公众社会危害性感知状况

调查结果表明，整体上公众对所列出的风险事件的社会危害性评分较高，都在 4 分左右，表明公众认为这些风险都具有较大的社会危害性。城市居民对风险的打分最高，乡镇居民对风险事件的打分最低。不同区域公众对台风的社会危害性评分均低于 4 分；乡镇居民认为生产安全事故、能源短缺、经济动荡以及房价持续上涨所带来的社会危害性较小，评分低于 4 分；农村居民认为贫富差距加大所带来的危害较小，评分低于 4 分。从表 2 中可以看出，居住在不同地区的公众对风险的社会危害性感知并不与该地区经济社会发展状况成正比，这与之前已有研究有所区别，乡镇居民对风险的社会危害性感知程度整体偏低。

表 2　不同区域居民社会危害性感知排序

风险事件	城区		乡镇		农村	
	平均值	排序	平均值	排序	平均值	排序
台风	3.97	15	3.79	15	3.85	15
交通事故	4.11	12	4.03	9	4.12	8
生产安全事故	4.13	9	3.96	11	4.05	10
核泄漏	4.42	1	4.24	1	4.29	1
海洋环境污染	4.31	4	4.14	5	4.22	4
食品安全事件	4.37	2	4.20	2	4.25	3
不明传染病	4.30	5	4.17	3	4.18	6
能源短缺	4.13	10	3.94	13	4.03	12
恶性犯罪	4.28	6	4.09	6	4.21	5
恐怖袭击	4.36	3	4.16	4	4.25	2
经济动荡	4.13	11	3.85	14	4.01	13
房价持续上涨	4.08	13	3.96	12	4.05	11
看病越来越难	4.15	8	4.06	7	4.10	9
贫富差距加大	4.07	14	4.01	10	3.99	14
社会动乱	4.27	7	4.03	8	4.13	7

从表 2 中可以看出，"核泄漏""食品安全事件""恐怖袭击""海洋环境污染"被公众认为是社会危害性很大的几个风险事件，而乡镇居民还认为"不明传染病"也具有较大的社会危害性，技术类风险事件以及社会风险事件相较于自然风险，更使公众恐惧。"核泄漏""海洋环境污染""食品安全事件"居于前列，说明公众将技术类风险事件的社会危害性摆在了突出地位，更能够刺激公众产生灾难性后果的想象；"恐怖袭击"是一种具有强破坏性的社会风险，具有人为性、突发性、残忍性等特征，会对社会造成极为恶劣的影响，影响范围之广之深难以估量，而与它具有相似特性的"恶性犯罪"及"社会动乱"排名稍低，则凸显近年来青岛市公众接收的恐怖袭击信息之多，所形成的印象之深刻，而对于"恶性犯罪"以及"社会动乱"的接收信息较少。"不明传染病"仅有乡镇居民将之列为危害性前列，可见乡镇居民对不明传染病具有更强烈的恐惧感，对自身所处的环境

安全存在忧虑。由此观之，公众对可能会威胁到自身安全的事件产生更强烈的恐惧感，但是同样能够威胁到自身健康利益的"交通事故"与"生产安全事故"并未排名居前，而且城、镇、村之间排名差距较大，这就不得不考虑该地区的机制建设与公众的生活经验，如对"交通事故"，城、镇、村排名层级递增，城市具有较为完善的抢险救险机制，能够及时地响应，减少损失；而镇、村则相对较弱，公众的经济承受能力也会感觉造成危害较大。

"台风"的排名十分统一，位于最后一位，因为青岛市公众的生活中未曾经历过台风，同时认为台风不会对生命造成巨大威胁。同样，"看病越来越难""贫富差距加大""经济动荡""能源短缺"等也无法直接威胁到公众的生命健康，而更多会表现为经济压力、心理压力等。所以公众会对能够直接威胁到生命健康的风险事件产生更为强烈的恐惧感，而对通过间接方式影响自我的风险事件恐惧感较弱，其中食品安全事件以及海洋环境污染事件可以进一步规避，减轻公众的恐惧感。

（二）公众对风险近期发生可能性感知状况

由表 3 可知，不同区域公众对风险事件的发生可能性的感知具有一致性，分数较为接近，都接近 3 分的范畴，即不确定，而"核泄漏""台风""恐怖袭击""经济动荡""社会动乱"的平均分均在 3 分以下，接近于"不太可能发生"；而"交通事故""食品安全事件""房价持续上涨"三项评分接近于 4 分，公众认为这三类事件"可能发生"。

表 3 不同区域居民风险近期发生可能性感知排序

风险事件	城区		乡镇		农村	
	平均值	排序	平均值	排序	平均值	排序
台风	2.64	13	2.60	14	2.57	14
交通事故	3.93	1	3.87	1	3.94	1
生产安全事故	3.46	7	3.39	6	3.44	7
核泄漏	2.37	15	2.37	15	2.39	15
海洋环境污染	3.48	6	3.35	7	3.45	6
食品安全事件	3.83	3	3.72	3	3.78	3

风险事件	城区		乡镇		农村	
	平均值	排序	平均值	排序	平均值	排序
不明传染病	3.23	9	3.28	9	3.25	9
能源短缺	3.16	10	3.15	10	3.18	10
恶性犯罪	3.35	8	3.33	8	3.28	8
恐怖袭击	2.65	12	2.71	12	2.69	13
经济动荡	2.95	11	2.94	11	2.96	11
房价持续上涨	3.91	2	3.81	2	3.89	2
看病越来越难	3.64	5	3.55	5	3.61	5
贫富差距加大	3.74	4	3.69	4	3.66	4
社会动乱	2.61	14	2.68	13	2.69	12

"交通事故""房价持续上涨""食品安全事件""贫富差距加大""看病越来越难"这5类风险事件位于各风险事件的前列，而且具有高度一致性，这说明这些风险已然引起了不同区域居民的担心与忧虑，这表明公众对于社会风险的加剧已有深刻体会，并且对为房价、食品安全、收入、看病等事件能在近期得到改善不抱有乐观预期态度。而"食品安全事件""交通事故"则具有较容易发生又具有较高危害性的特征。

"核泄漏""社会动乱""台风""恐怖袭击"，这4类事件排序较为靠后，其中"核泄漏"与"恐怖袭击"被认为是具有高"社会危害性"而"近期发生可能性"较小的风险事件；"社会动乱"被认为发生概率较低，可见公众对社会稳定的期望与信心；而"台风"则处于"社会危害""近期发生可能性"排名均靠后的地位，说明在生活经历中二者具有一定的促进关系。

（三）总体风险感知指数

在对风险进行数量化的研究中，通常认为"风险后果 × 风险概率 = 风险"，因此在对风险感知的总值测算中，我们取风险的社会危害性与发生可能性的乘积为风险感知指数。结果如表4所示。

表 4 不同区域居民总体风险感知指数

风险事件	城区		乡镇		农村	
	平均值	排序	平均值	排序	平均值	排序
台风	10.89	14	10.48	15	10.46	15
交通事故	16.69	2	16.25	1	17.00	1
生产安全事故	14.85	8	14.15	9	14.55	7
核泄漏	10.74	15	10.50	14	10.63	14
海洋环境污染	15.52	6	14.45	6	15.24	6
食品安全事件	17.26	1	16.23	2	16.79	2
不明传染病	14.41	9	14.35	7	14.29	9
能源短缺	13.60	10	13.06	10	13.47	10
恶性犯罪	14.86	7	14.34	8	14.55	8
恐怖袭击	11.91	12	11.68	12	11.95	12
经济动荡	12.62	11	11.87	11	12.53	11
房价持续上涨	16.54	3	15.71	3	16.47	3
看病越来越难	15.75	5	15.17	5	15.60	4
贫富差距加大	15.82	4	15.50	4	15.36	5
社会动乱	11.47	13	11.26	13	11.59	13

总体风险指数与风险发生概率的感知情况具有一致性，"食品安全事件""交通事故""房价持续上涨""贫富差距加大""看病越来越难"等 5 项风险排名靠前，为发生概率较高的风险；而具有较高社会危害性的风险事件，如"核泄漏""社会动乱""恐怖袭击"等则排名靠后，可见公众对风险的感知更多地依靠于对风险发生概率的感知。

四 公众海洋环境风险感知的特征

（一）不同区域公众风险感知的因子分析

在上述分析中，许多风险的感知规律具有一致性，因此使用主成分分析法提取公因子进行该假设的初步验证，所提取出的 2 个公因子可以解释 67.489% 的方差。结果如表 5 所示。

表5　旋转后的成分矩阵ª

风险事件	成　分	
	1	2
核泄漏	.831	.152
恐怖袭击	.803	.260
台风	.741	.115
不明传染病	.693	.471
恶性犯罪	.693	.484
生产安全事故	.673	.431
能源短缺	.641	.488
经济动荡	.641	.484
社会动乱	.640	.390
海洋环境污染	.636	.496
交通事故	.537	.518
房价持续上涨	.208	.851
贫富差距加大	.253	.847
看病越来越难	.274	.846
食品安全事件	.518	.640

注：提取方法：主成分分析法。
旋转方法：凯撒正态化最大方差法。
a 表示旋转在 3 次迭代后已收敛。

因子 2 中包含"房价持续上涨""贫富差距加大""看病越来越难""食品安全事件"，这些因子正对应着发生概率较高、感知指数较大的事件；而因子 1 则包含其余风险事件。

因子 1 与"核泄漏""恐怖袭击""台风""不明传染病""恶性犯罪""生产安全事故""能源短缺""经济动荡""社会动乱""海洋环境污染""交通事故"有关联。与海洋环境污染事件所关联的因子中其他风险事件，具有危害性极大且难以预测的风险，如"核泄漏""恐怖袭击""不明传染病"等；还有难以控制的"社会动乱""恶性犯罪""生产安全事故""交通事故"则属于工业社会以来一直引起人们高度关注的，在现代社会中表现更为突出的风险。由此观之，海洋环境风险在公众的感知中同样是引起关注、表现突出、危害性较大、难以控制而又难以预测的风险事件。

因子 2 与"房价持续上涨""贫富差距加大""看病越来越难""食品

安全事件"相关，除去食品安全事件，其他事件还不能称为风险，但累积到一定程度，便会转化为社会风险，这类风险更多与人们的生活收支有关，为人们所普遍关注，并且是必须经历而无法避免的风险，所以人们对其感知较为敏感。而"食品安全事件"在当今社会中同样会引起关注，并且发生频繁，与海洋环境风险相似，但不同的是，食品安全可以通过法律手段进行预防控制，而海洋环境风险事件难以通过相似途径来规避，正佐证了海洋环境风险所显现的特性。

（二）不同社会群体在海洋风险感知上存在的差异

为了了解海洋环境风险感知所呈现的社会群体，因此对不同的社会群体进行进一步分析。在对不同区域居民进行成对比较后，发现城、镇、村中不同性别的风险感知水平具有显著性差异；而教育、收入与工作状态与居住地类型不具有交互作用。

对性别与公众的海洋环境污染的风险指数进行主效应检验，在居住地类型与性别交互作用中，$p = 0.004 < 0.05$，公众的海洋环境风险感知具有显著性差异。在对其进行成对比较后结果如表 6 所示，城区与农村男女间显著性差异值 $p = 0.004 < 0.05$，城区与农村地区的女性，相对于同地区的男性，对海洋环境风险感知更为敏感；而乡镇地区不存在性别差异。

表 6　性别在城镇维度上的成对比较

因变量：D13c5 海洋环境污染的风险指数

居住地类型	（I）a. 性别	（J）a. 性别	平均值差值（I－J）	标准误差	显著性[b]	差值的 95% 置信区间[b]	
						下限	上限
城区	男	女	−0.784*	0.271	0.004	−1.315	−0.253
	女	男	0.784*	0.271	0.004	0.253	1.315
乡镇	男	女	0.979	0.557	0.079	−0.113	2.071
	女	男	−0.979	0.557	0.079	−2.071	0.113
农村	男	女	−1.316*	0.456	0.004	−2.210	−0.422
	女	男	1.316*	0.456	0.004	0.422	2.210

注：基于估算边际平均值。

＊表示平均值差值的显著性水平为 0.05。

b 表示多重比较调节：斯达克法。

女性对于风险比男性更为敏感，这与以前的研究结果一致，而这源于女性的心理安全阀与社会角色。乡镇作为农村到城市的过渡阶段，理应呈现相似的数据结构。而在上述分析中，乡镇的女性与男性间并未产生显著性差异，这仍需从女性自身心理与所承担的角色演变入手剖析。城市与农村居民的生活具有较大的经济自由权与环境选择权，而乡镇居民则因收入与支出间的不协调，而承担更大的心理压力，这种压力逼紧居民的心理安全阀；而在社会角色担当上，乡镇集结了大量的第二产业，具有明确的工时系统，男性与女性会在家庭中形成同步状态，因此在海洋环境的信息接收上也具有一定同步性。

（三）不同社会背景

在对城、镇、村受访者的社会背景进行交互分析后，发现居住区域与宗教信仰、自评经济地位之间缺乏交互作用，而与政府信任度具有交互作用。在对居住地与政府信任做主效应检验时，$p = 0.049 < 0.05$，二者具有交互作用。进行成对比较后，结果如表 7 所示。城区与乡镇的居民的海洋环境风险感知不因政府信任而产生明显差异；而农村地区的居民的海洋环境风险感知在政府信任度上存在显著性差异，$p = 0.002 < 0.05$，对政府越不信任的农村居民越能够体会到海洋环境风险。

表 7　政府信任度在城镇维度上的成对比较

因变量：D13c5 海洋环境污染的风险指数

居住地类型	（I）政府信任度 2	（J）政府信任度 2	平均值差值（I−J）	标准误差	显著性[b]	差值的 95% 置信区间[b]	
						下限	上限
城区	没有不信任	不信任	− 0.311	0.502	0.536	− 1.296	0.674
	不信任	没有不信任	0.311	0.502	0.536	− 0.674	1.296
乡镇	没有不信任	不信任	− 0.422	1.032	0.682	− 2.445	1.600
	不信任	没有不信任	0.422	1.032	0.682	− 1.600	2.445
农村	没有不信任	不信任	− 2.847 *	0.920	0.002	− 4.651	− 1.044
	不信任	没有不信任	2.847 *	0.920	0.002	1.044	4.651

注：基于估算边际平均值。

* 表示平均值差值的显著性水平为 0.05。

b 表示多重比较调节：斯达克法。

农村居民的政府信任度于海洋环境风险感知上存在明显差异，不仅仅说明村民对于海洋环境风险的不可控制感与危害性认知较严重，还体现出在海洋治理上农村居民对政府持两极态度，即越信任政府，越认为海洋风险小；越不信任，越认为风险很大。这在以往的研究中都会有所体现。政府作为海洋信息的传播者与海洋风险的管理者，在很大程度上会影响公众的海洋环境风险感知的形成。政府是人海活动的重要管理者之一，是否能够积极推动海洋建设、维护海洋权益、强化海洋意识成为公众对政府公信力的检验标准之一。对于海洋环境风险感知而言，公众大量的风险信息来自政府，同时对政府是否信任又影响着公众是否认为海洋环境污染近期会发生，所以海洋环境风险感知与公众对政府的信任程度相关。农村居民对此更具有"一刀切"的理念，而城市与乡镇居民则不会单单地依赖于政府，从这个侧面而言，对海洋治理，城市与乡镇居民有更大的主动性。

五 结论

根据上述分析，我们可以发现，在公众的风险感知整体偏高的情况下，海洋环境风险在社会危害性上已逐渐让沿海区域公众产生担忧情绪，且在近期发生可能性上也被认为是发生概率较大的。海洋环境风险在公众的感知中已经呈现关注度高、表现突出、危害性较大、难以控制而又难以预测的风险事件特征。而在对不同区域居民的个体特征以及社会背景分析后发现，就海洋环境风险而言，客观社会经济地位要素与主观社会经济地位都不会产生显著性差异，而性别影响了城市、农村公众的海洋环境风险感知，不同性别的乡镇居民则不会产生海洋环境风险感知上的显著差异。在以往研究中，政府信任度对公众的环境风险感知具有显著性差异，而在本次研究中进一步发现，其对农村居民海洋环境风险感知具有显著性影响，而对城市与乡镇居民的海洋环境风险感知不存在显著性影响。

中国海洋社会学研究

2018 年卷　总第 6 期

第 117～124 页

© SSAP, 2018

从资源的角度看日本的太平洋战争

董学荣　王书明　赵宗金[*]

摘　要： 太平洋战争作为第二次世界大战的一部分，日本空袭美国珍珠港，拉开了此次大战的序幕。日本作为面积不大的岛国，在国内资源极为短缺的情况下，发动了太平洋战争。本文从资源的角度对日本为何发动太平洋战争进行分析。本人认为其主要原因是受制于资源的不足，以滚雪球的方式对外扩张，实施"以战养战"的策略来增加后备力量，也由于日美关系的恶化以及对自身资源匮乏的忧患意识。在战争期间实施"南进"战略，攻占了东南亚，破坏了当地生态环境，掠夺了当地的资源。

关键词： 日本　太平洋战争　资源　环境

日本于 1941 年 12 月 7 日（夏威夷时间）凌晨，空袭了美国珍珠港，重创美国太平洋舰队，拉开了太平洋战争戏剧性的一幕。在 20 世纪 30 年代初期，日本的国土面积不及中国东北的 1/3，人口不到 7000 万，国家资源也很稀缺。可是作为一个面积不大的岛国，日本为何冒"举国玉碎"之险，在海上（海军）空袭珍珠港，在陆上（陆军）占领马来亚——"东方直布罗陀"的新加坡，发动太平洋战争。本文从资源及对环境影响的角度重新

* 董学荣，中国海洋大学法政学院 2015 级社会学硕士研究生，研究方向为环境社会学；王书明，中国海洋大学法政学院社会学研究所所长，教授，主要研究方向为环境社会学、海洋社会学；赵宗金，中国海洋大学法政学院副教授，博士，硕士生导师，研究方向为海洋社会学与社会心理学。

解读这次战争的起因与影响。

一　从资源的角度来分析日本发动太平洋战争的原因

太平洋战争历时三年零八个月，涉及 37 个国家，波及 15 亿人口。作为第二次世界大战中重要的一部分，直到 1945 年 9 月日本一直处于战争状态，厘清这一时期日本的资源状况与太平洋战争的关系，是本文要解决的问题。

（一）　日本实施"以战养战"的策略

单从日本自身国力来说，经不起这么长时间的资源消耗，毛泽东曾经说过："日本国度比较地小，其人力、军力、财力、物力均感缺乏，经不起长期的战争。……它为解决这个困难而发动战争，结果将因战争而增加困难，战争将连它原有的东西也消耗掉。"① 日本本来想在中国速战速决，由于中国人民的抵抗其计划破灭，只能和中国打持久战，但这样的策略只能让日本的经济更加衰落，也显现了日本帝国主义虚弱的本质。在 1937 ~ 1941 年这段时间里，日本在财力和物力两方面消耗增长（见表 1）。

表 1　1937 ~ 1941 年日本财力和物力的消耗增长情况

时　间	内　容	增长数值
1937 ~ 1941 年	财力方面	国家预算达到 500 亿日元
	物力方面	舰艇从 5.2 万吨增至 19.1 万吨，汽车从 9500 台增至 4.4 万台，坦克从 330 辆增至 1190 辆

资料来源：高辉：《浅析日本发动太平洋战争的原因》，《日本研究》1995 年第 3 期。

日本军费的急剧增长，只有依靠发行公债、增发纸币和增加税收来维持，这种高速运行的泡沫经济，造成了日本经济的紊乱。武器装备等作战物资的增长带来了社会产品的减少，对整个社会生产产生了很深的影响，人民的生活水平急剧下降。到了 1941 年，战争已使日本内外交困，疲惫不堪，国家经济前景惨淡。根据企划院报告的预算，以最重要的能源资源石油为例，国内石油存储量为 84 万千升，但其中的 70% 用于军事，预算到

---

① 《毛泽东选集》第 2 卷，人民出版社，1991，第 448 页。

1944 年民用成品油将面临枯竭，那样日本对于英美的军事打击将无还手之力，也要把原先占领的地区拱手奉还，那样日本只能变回原来的样子，因此日本鉴于本国的资源匮乏，只能夺取别国的资源，以至于极力扩张自己的侵略范围。日本被中国东北和东南亚地区的资源所吸引，在中国东北建立了"满洲国"的傀儡政权，自 1941 年到 1945 年的这段时间里，日本在中国东北施行三大政策：金属献纳、粮谷出荷、国民储蓄。这三大政策足以搜刮尽东北人民身上的每一块铁、每一粒粮、每一分钱，这是一种竭泽而渔的掠夺方式，以至于日军所需要的 34 种军需原料物资，有 24 种是中国东北提供的。后备兵力不足，日本强行征集东北当地的年轻人去镇压抗日分子。在财力、物力、人力方面形成了日军依赖中国的局面。当攻占东南亚地区之后，对重点物资进行掠夺，前三个月在东南亚掠夺的糖多达 10 万吨，掠夺的食品每年达 300 万吨。日军不顾当地的气候环境，强行改变当地耕种结构，耕种上满足日军所需要的物资，造成东南亚农业发展畸形，极大地损害了当地的经济。

（二）日美关系的恶化

日美两国对于在中国和太平洋的利益一直是争夺的焦点。从一步步谈判，到矛盾一步步升级，最终走向战争对决，直至日军空袭美国珍珠港的太平洋舰队，战争真正打响了。

20 世纪 30 年代，日本以退出国联为契机，在政治、军事等方面的"门罗主义"开始崭露头角。1933 年，日本提出构想，废除欧美各国在中国海关的特殊待遇，1934 年，强烈反对欧美各国对中国的技术、军事援助，鉴于自己在东北地区的特殊地位，把欧美各国的经济限制在东北的政治范围之外，日本在华的扩张势力，侵犯了别国在华利益，导致了日美两国军备竞赛，这无疑使两国的关系日益恶化。1939 年 7 月，美国宣布废除《日美通商航海条约》，这样美国对日本的经济制裁脱离了法律的约束。1941 年苏德战争爆发，日本曾想过要和德国一起夹击苏联，但在 7 月份，日本放弃了这一想法，按原计划实施了南进策略，这一策略侵犯了英美国家在东南亚的利益。日本占领中国东北和东南亚，严重损害了美国在这些国家的既得利益。鉴于此，美国当即停止对日石油输出，这是美国对日本实施的一种经济制裁，致使日本和美国产生了不可调和的矛盾。

1941 年日本与美国一直处于谈判状态，谈判初期，美国极力想避开战争，因为美国国内的人民不想卷入欧洲战场。之后美国对日本的态度发生了转变，变得强硬起来。初期，日本在是先发动战争还是先进行战争准备之间犹豫不决，日本的陆军是希望开战的，而海军方面提出了异议。海军是以机动性的舰船为单位开展的，不管是进攻还是撤退都比较容易。而以步兵为主的陆军即便在备战阶段，他们前期准备耗费的物力、财力、人力比较多，如果一枪不打撤退，对他们来说无疑是一种屈辱。到后期，两国谈判一直僵持不下，战争每延迟一天，日本的生存希望就失去一分——资源不足不允许他们浪费时间。最终，在 12 月 2 日 5 点 30 分，日本向正赶往夏威夷的舰艇编队发出"攀登新高山 1208"的密码电报，电报的意思是"开战日期定为 12 月 8 日 0 点（东京时间）"，就这样日本偷袭了美国珍珠港，太平战争爆发了。

（三） 日本资源匮乏的危机感

日本资源匮乏，这种忧患意识已经深入其国民思想和文化中，资源不仅存量少，品质也不高，而且需求量还巨大，这导致日本的大多数资源依赖进口，其中石油和铁矿的进口量达到 90%。在核资源上，日本是铀资源极为贫乏的国家，稀有金属是电子、国防产业不可或缺的资源，这都依赖于进口。有史料称，在明治维新的 30 年中，日本用光了国内的石油，石油的需求量排在世界第二位，其他重要金属如铜、铅、锌、铝、镍的需求量也挺大。不难看出，日本国内资源空虚，又加上需求量大，导致在资源方面根本无法自给自足，所以在资源方面的忧患意识十分强烈，也就造就了日本资源立国的一系列政策与防范措施，比如第二次世界大战后对产业进行结构升级，进行资源外交等策略。① 资源缺乏造就他们的岛国心态——极其自卑又很自负，这种心理促使他们为了生存，为了壮大，变得勤奋勇敢，使他们接连不断地获得胜利，而且这种成功的惯性开始使他们变得盲目自大，同时也助长了他们的自傲心理。虽然国家资源有限，但是自负的心态指引着他们，他们可以通过武力来解决资源问题，那就是掠夺别国资源。

---

① 陈健：《日本稀缺资源战略研究及对我国的启示》，中国可持续发展研究会会议论文，2011。

在太平洋战争中，日本自视大和民族高于其他民族，当日本人入侵荷兰领域时，称自己是亚洲人的祖先，这种种族中心主义的思想，致使他们认为自己是无敌的，在八纮一宇时期日本定位自己为亚洲人父亲的角色，妄想建立"大东亚共荣圈"。日本人自卑与自傲的双重性格，成为他们发动战争来争夺别国资源的动因，运用自己的陆军和海军来策划了"北进"和"南进"的计划，发动了太平洋战争。

以上几点是笔者从资源的角度分析了日本发动太平洋战争的原因，从日本自身的资源状况进行了分析，不管是实施"以战养战"的策略，日美之间的利益冲突，还是来自自身资源匮乏的危机感，都赤裸裸地展现了日本这个国家的文化和国民的思想。日本"以战养战"的策略也表明，"以战"养不了战，只是延迟了日本战败的事实。在利益的驱使下，日本发动非正义的战争，注定是失败的。日本侵略了中国之后，继续南下，对东南亚地区进行了大规模的扫荡与统治，对其实施法西斯统治长达四年，对当地的经济和资源环境造成了巨大的毁坏。

二 从环境社会学的角度来分析日本对东南亚地区的统治

工业革命以来，各个国家的科学技术得到了空前的发展。科学技术是一把双刃剑，科学的成果可以运用于任何领域中，在给人类带来好处的同时，如果不好好地加以利用，也会起到反作用。在战争中，武器肆无忌惮的使用会给人带来灾难性的痛苦。武器也在人们的使用中得到改进，变得更加精良。在这方面，美国和日本表现得就很突出。战争不仅扼杀了人类的文明，同时也摧残着人类的环境和资源。正如饭岛伸子所说，战争是最大的环境破坏者之一。战争不仅不能维护主权国家的环境、经济和资源安全，反而会加重这种不安全感。在第二次世界大战中，1945 年美国向日本广岛、长崎投放原子弹产生的能量与辐射，使大面积土地上的生物都灭绝了，多年寸草不生，不宜居住，造成了无数人的死亡和无限的环境破坏。[①]当今世界，核能工业发展迅速，任何一座核电站的能量是原子弹远远所不

---

① 〔日〕舩桥晴俊、寺田良一：《日本环境政策、环境运动及环境问题史》，《学海》2015 年第 4 期。

及的，如果在战争中不幸被击中，上演的是整个国家甚至更广范围、几代人甚至是几十代人的悲剧。切尔诺贝利核电站的核爆炸事故，就体现得淋漓尽致。在太平洋战争中，日本以武力攻占东南亚，对当地的资源环境造成了巨大的破坏。

（一）日本对东南亚的生态环境破坏

日本轰炸珍珠港后，开始实施南方作战计划。在攻陷东南亚各国之后，日本对此地实施了长达四年的统治。在作战期间，日本以及参与作战的各国的战机、舰船等武器设备残骸永远地留在了当地，对当地的耕地、森林、水等资源进行了大面积的毁坏，造成的自然环境和资源的破坏是毁灭性的。1941 年 7 月，日本提出，不论世界形势如何变化，都要建立"大东亚共荣圈"，加速南进的步伐，做出对英、美开战的决定。表 2 就是日军分别攻陷东南亚各地区的时间以及部分地区所做的兵力部署。

表 2　日军分别攻陷东南亚各地区的时间以及兵力部署

时间	攻陷地区	兵力	战机	作战舰艇
1942 年 1 月 3 日	菲律宾	日军第 48 师团	308 架	
1942 年 1 月 11 日	吉隆坡	3 个师团共 11 万人	450 架	46 艘
1942 年 1 月 13 日	安汶			
1942 年 2 月 15 日	新加坡	第二十二航空战队 144 人		
1942 年 3 月 1 日	爪哇			
1942 年 3 月 5 日	巴达维亚			
1942 年 3 月 9 日	万隆			

资料来源：王士录：《太平洋战争时期日本法西斯在东南亚的统治方式》，《东南亚》1997 年第 2 期。

最终在 1942 年 6 月，日军通过武力占领了东南亚和西太平洋地区，控制了这个地方的 1.5 亿人口和 386 万平方公里的土地。[①] 工业时代的武器，具有巨大的摧毁性，战争的残骸留在了东南亚这片战场上。由于战争，大片的森林被炸毁，油田被烧毁，释放了大量的烟雾，破坏了大气层。在海上作战，伤及海里的鱼类。战争中的核武器，会给当地居民带来各种各样

---

① 王士录：《太平洋战争时期日本法西斯在东南亚的统治方式》，《东南亚》1997 年第 2 期。

的不可治愈的疾病，受伤的总是无辜的人，人处于被支配者的地位，日军对东南亚地区的环境破坏是有目共睹的，植被、庄稼作物以及居民的居住地生存的环境，都遭到了无情的摧残。战争的惨痛不仅仅停留在东南亚，在二战中，被波及的国家也都付出了惨痛的代价。战争不仅仅影响当下环境，对以后的几十年甚至更远的未来，都有着巨大的杀伤力。

（二）日本对东南亚资源的掠夺

日本对资源的需求，是它发动太平洋战争的原因之一。鉴于此，只要日本占领了东南亚，第一个目标就是对东南亚地区进行资源的掠夺。东南亚优越的资源条件，给予了日本战略物资上的支持。首先，稻谷是东南亚最主要的粮食作物，油棕产品、橡胶和椰子产品在东南亚各种经济作物中位居前三，其次为咖啡、蔗糖、菠萝、烟草、胡椒、茶叶、香蕉、可可等。东南亚还有名贵珍稀的木材，拥有着丰富的矿产资源。日本早已对这些资源渴望许久，在统治当地期间，日本实施了资源掠夺计划。这主要表现在日军对当地耕作方式的不合理转变，对森林的过度砍伐，对各种资源的摧毁性掠夺等，通过掠夺的方式来满足自己在战争中自给自足的态势。

农业是东南亚十分重要的一大产业，然而日军的到来，破坏了其农业的发展，强求改变了东南亚农业的耕作方式，在菲律宾，日本大肆种植棉花，来弥补因美国断绝向日本供应棉花而需求不足的缺口，在印度尼西亚也是由本来种植甘蔗、胡椒等热带作物强求种植了棉花。这种做法强制改变了菲律宾和印度尼西亚的农业经济结构，这是对土地资源的浪费，也使农业发展畸形。日本人还大肆掠夺菲律宾和印度尼西亚的财富，对印度尼西亚的石油、谷物、牲畜等进行了大量的物质性掠夺，让当地的居民生活没有保障，痛苦不堪。

三　结论

纵观人类的发展历史，战争的背后必然有着某种利益的驱使。从二战到现在的一系列战争，比如海湾战争、伊拉克战争，以及伊拉克侵占拥有丰富石油资源的科威特，可以看出，战争的背后动因是利益，更确切地说是资源。正所谓"天下熙熙皆为利来，天下攘攘皆为利往"，历史给我们以警示，对发展中国家来说，我们不能预测明天会发生什么，但我们可以掌控自己，可以利用本国的资源发展壮大自己的综合实力，更好地保护本国的主权领土完整，维护世界和平。正像吉登斯在全球化第三个维度中提到的世界军事秩序那样，两个军事上最发达的国家在真正全球范围建立了军事同盟的两极体系，参与这些同盟的其他国家必然要接受来自外部的对发展自己的独立军事战略机会的限制。作为一种巨大的毁灭性力量的现代武器，今天所有的国家都拥有了远远超过前现代文明的最强大的国家军事力量。现在虽然许多第三世界国家经济非常弱小，军事力量却很强大。拥有核武器也不再是发达国家的专利了。现在拥有核武器的唯一作用，是阻止他人使用它。[①] 也就是说，各国的军事力量作为威慑别国不敢发动战争的原因，这也是一种自卫。这种对暴力工具的控制，对当今世界的安全来说，无疑是明智的，可以使各国的军事力量达到不能去触犯任何一方的平衡，演变成全球性的荣辱与共、休戚相关的局面。

---

① 〔英〕安东尼·吉登斯：《现代性的后果》，田禾译，译林出版社，2000，第 65～66 页。

海洋民俗与海洋文化

中国海洋社会学研究

2018 年卷 总第 6 期

第 127~142 页

© SSAP，2018

渔村禁忌的现代性变迁

——基于即墨区田横镇周戈庄村的调查

宋宁而 杨 玥[*]

摘 要： 随着社会经济的发展，传统渔村禁忌进一步实现了现代性变迁。田横渔村在渔民特定言行的控制、补救等禁忌方面得到了继承和保留。与此同时，在生产方式、祭海节仪式、日常生活等方面则不断发展变迁。产业化发展的提速、城市化进程加快以及禁忌"迷信"的作用等都是田横渔村禁忌变迁的重要原因。渔村禁忌的传承体现出禁忌独有的社会价值，符合社会发展的需求。

关键词： 渔村 现代性变迁 田横镇 禁忌

随着社会进步与发展，人们不得不直面本土文化与现代文化的差异、冲突和融合过程中的种种问题。正如龙应台所说："是拥抱自己的传统文化，还是抛弃这一块，而面对现代和全球的宝藏？"[①] 然而，传统与现代之间的关系是否真的非此即彼？傅永军就曾指出，传统的转变绝非传统的终

---

* 宋宁而，女，上海人，中国海洋大学法政学院社会学所副教授，硕士生导师，博士，研究方向：海洋社会学；杨玥，女，河南焦作人，中国海洋大学法政学院社会学专业 2015 级硕士研究生，研究方向：海洋社会学。

① 龙应台：《传统文化从来没有消失》，《中国图书商报》2005 年第 1 期。

结，而是意味着传统在以更加适应现代性的形式存在、发展并发挥着作用。① 中国的传统文化在现代社会的"命运"究竟是不得不在"被拥抱""被抛弃"之间二选一，还是在这两者之间仍有回旋余地？渔村禁忌是中国渔村传统文化的一个重要组成部分。众所周知，渔民群体的禁忌在很大程度上是由于人类对海洋的畏惧以及对自身航海技术的不自信，但对山东胶东沿海的即墨田横周戈庄村的调查却显示，时至今日，这一渔村中仍有大量渔业禁忌留存了下来。为什么在航海技术已经能基本确保航行安全、海上施救体制已日臻完善的今天，渔村禁忌在渔村中仍有存在的土壤和空间？本文试图通过回答这一问题以期有助于对中国传统文化传承之路的思考。

一　田横镇周戈庄渔村禁忌内容

禁忌是人类社会普遍存在的文化现象之一，学术界统称为"塔布"。"塔布"一词是英文"Taboo"或"Tabu"的汉语音译，在运用过程中逐步发展为社会习俗或感情上反感导致的禁忌或忌讳，因为某件事物神圣具有不可侵犯性而禁止人们使用、接近或提起它。中国古代的思想家使用"禁忌"一词来描述社会中的禁忌现象。万建中认为，禁忌"主要是借助神灵等超自然力的威名，实行自内心到外在行为的绝对控制"，他就禁忌的特点指出，"较之道德规范、法律等，它（禁忌）的情感色彩更强烈，更具有自觉性和自律性，控制力更强"。② 禁忌作为控制人类行为的一种特殊规范，其社会功能绵延至今，不仅没有在现代化进程中消逝，反而因为任何民族及其社会的存在与发展都离不开社会控制形成了更多特殊形态③，继续承担着社会控制的功能。阐释田横镇周戈庄村的渔村禁忌的本质首先需要弄清这一传统（留存下来的禁忌）的内容、核心以及结构。

---

① 傅永军：《现代性与传统西方视域及其启示》，《山东大学学报》（哲学社会科学版）2008年第 2 期。
② 万建中：《禁忌与中国文化》，人民出版社，2001，第 479 页。
③ 廖君湘：《侗族禁忌与原生型宗教：内涵及其社会控制功能》，《经纪人学报》2005 年第 1 期。

（一）对特定言行的控制

1. 对特定表述的控制

最直观的渔村禁忌当数对渔民特定言语表述的控制。渔村禁忌根本目的是表达对生产作业的顺利、安全的愿望。正如民俗语言学者指出的，任何语言中都存在禁忌语，各种语言中都有与迷信心理、性器官等有关的禁忌话。① 在渔村禁忌中，与凶祸词发音相同、相似的谐音字都属于禁忌词。田横镇渔村禁忌当中，禁说诸多不吉利词。翻、沉、破、住、离、散、倒、火、霉等不吉利的词都在禁说的范围。②

旧时的渔船主要就是木制的帆船，帆船之"帆"音与"翻"同音，渔民忌讳，因称"帆船"为"风船"，称"船帆"为"篷"，称"升帆"为"掌篷"。渔民忌说"翻""扣""完""没有""老"等词语。出海最怕船翻人亡，晾晒衣服需要翻过来或吃鱼需翻吃另一面，则把"翻过来"说成"划过来"或"转过来"，称"帆"为"篷"，把"完了""没有了"说成"满了"，"老"字是对鲸鱼的尊称，在船上喊人不能叫"老×"。向碗里盛饭要说"装饭"，因为盛饭的"盛"字，方言近"沉"。

2. 对特定生活模式的控制

除了言语表述要加以控制，渔村生活的衣食住行也不能完全随心所欲。田横渔村禁忌体现在渔民生活的方方面面，对渔民日常生活形成了全方位的指导和要求。衣食住行是渔民生活的基本方面，最能体现渔村禁忌的内容和要求。

首先，与服饰相关的禁忌。田横服饰方面的禁忌大多集中在妇女群体，对女性穿衣、着装有着较为严格甚至苛刻的要求。当地人认为，大人小孩儿的衣服下摆、裤脚忌毛边，那是丧服的标志；妇女衣服如果毛边则被认为容易招惹精灵或动物，招病招灾；男人更忌从晾晒的女人衣服下面穿过，那是女人下体之物，如果罩在男人头上，必将妨碍男人运气。过去的船一般是帆船，所以说人们都很忌讳"翻"这个词。船员不能将裤腿卷起来，因为"卷"这个动作也有"翻"的含义。

---

① 曲彦斌：《中国民俗语言学》，上海文艺出版社，1996。
② 万建中：《中国民间禁忌风俗》，中国电影出版社，2005。

其次，饮食方面的禁忌。关于渔民禁忌把筷子担在碗上，另有说法。渔民认为筷子像船，碗像礁石，筷子放碗上边好像船拱上礁石了，不吉利。另一种说法是筷子象征着桅杆，那标志着渔船遇上风浪无计可施，只好将桅放倒，任船漂流。在渔民出海前，最担忧的莫过于出海中的行船安全。①在船上吃饭，小伙计们把最好的让给船长。每个人只准吃靠近自己一面的鱼菜，不准去夹别人面前的鱼菜，否则会认为是"过河"。

再次，居住的禁忌。渔村建房要请阴阳先生，找个吉利的日子动工。建房不能找与自家有矛盾的师傅，"怕他使计谋，放不好的东西。如弄个泥人砌墙里，就要倒霉的"。建房上梁的时候妇女不能在场，尤其忌讳妇女跨梁头，唯恐妇女的秽气败了房子的风水。房子建好后，房间的分配是有些讲究的。一般是东边住老人长辈，晚辈住西边，还讲究男左女右。渔家认为东边尊贵，地位高，所有东边的上房应当让老人住。对于空闲的屋子，渔家总要磨一把锋利的斧头放到炕上或者显眼的位置，不可让闲置的屋子有"空缺"。

最后，行旅的禁忌。晒渔网、出海等重要的行动都需要择吉日，农历逢八海神值班之日被认为是上佳之选，都会在这个时候进行，其他时间不宜晒网或出海。渔民忌讳"翻船"，其理由不言自明。渔民视船为"木龙"，而龙又是鱼所变，所谓"龙鱼""鱼龙"之说，即是此意。由船不能翻，到"木龙"不能翻，再到鱼不能翻，皆因"鱼"和"龙"紧密相连，且又事关渔民的生命财产安全和一家生计，故而"吃鱼不能翻鱼身"也就成为约定俗成的规矩，被所有渔家所认同和严格遵守。②无论是在渔民家里，还是在渔船上，此俗均不可违反。

3. 对特定生产方式的控制

在渔村生产活动中，出海作业是最重要的环节，这一情况也体现在渔村禁忌当中。田横镇渔村在出海作业环节上有着极为细致的规定。船在海上航行时，忌讳船上器皿倒放，比如盆、碗等扣着放置，这样可能会招致翻船、沉船。③船长是白天睡觉，晚上值班；小伙计是白天干活，晚上睡

---

① 访谈对象：刘 sy，男，56 岁，周戈庄村渔民，2017 年 6 月 27 日。
② 徐心希：《福建海洋民俗文化的积淀与传承》，载《中华文化与地域文化研究——福建省炎黄文化研究会 20 年论文选集》第 3 卷，2011，第 1012～1022 页。
③ 任威、李景芝：《船舶与航运文化》，人民交通出版社，2009。

觉。如果半夜学童出来上卫生间，船长就会用绳子拴着学童，尽管没有落水的实际危险，但如果学童意外落水，将对行船不利。打完鱼也不能在船上钓鱼，防止鲨鱼通过钓钩将人拉下海。① 在海上作业时，打上来的乌龟不许留下，一律放生，因为传说中乌龟有灵性，擅自处理会招致厄运。在船上作业是不允许赤脚的，赤脚被认为是对海神和自然界的不尊敬。②

在海上行船也是有讲究的，在船左边的是红灯，右边是绿灯，正面头上的是白灯，如果两条船迎头相遇，不能走左边。过去渔船夜间在海上行驶都是需要掌灯的，船上使用的煤油灯，为了让夜间过往船只看到。过往船只看到这边的灯光就知道有船经过。在海上下锚要有锚浮，这样做是为了不伤到过往的船只，船上由 5 个人组成，船老大负责掌舵，大师傅是副船长。一旦出海，船老大具有绝对的权力，尤其在危急的时候。船长一般被叫作掌柜的。除了学童，其他的两个人叫作艄公。③ 渔民还忌讳在甲板上背着手，因为背手预兆"打背网"，没有收获。如果在海上作业时看到漂浮在海上的尸体，渔船会选择绕着走。渔民认为如果运载尸体会遭殃。如果在海上遇到尸体，渔民之所以会选择报警，也是因为认为自己处理尸体不吉利。④ 行船时，禁吹口哨。行船中如厕大小便绝对不能在船头，只能在船尾。在渔民眼里，船头是很神圣的地方，都会在船头祭拜龙王。拴缆绳的柱子是不允许在上面坐着的，任何人在船上都不能坐在上面。⑤

（二）为防止特定言行出现的控制

1. 对特定表述的替换

在下锚的过程中渔民是需要大声喊出"给它锚了"，除了为了避免伤害到周围可能出现的潜水者之外，主要还是为了让龙王躲开，又不能直呼其名，因此改称"它"，以示对龙王的尊崇。⑥ 在船上就餐时，吃鱼不将鱼整条翻转；忌讳说"翻过来"，要说"划过来"、"转过来"或者"顺过来"。

---

① 访谈对象：刘 gn，男，70 岁，周戈庄村民俗小组组长，2017 年 6 月 26 日。
② 访谈对象：刘××，男，56 岁，周戈庄村渔民，2017 年 6 月 25 日。
③ 访谈对象：刘 gs，男，87 岁，周戈庄村退休干部，曾是村委渔业大队队长，2017 年 6 月 25 日。
④ 访谈对象：刘 gn，男，70 岁，周戈庄村民俗小组组长，2017 年 6 月 26 日。
⑤ 访谈对象：刘 gn，男，70 岁，周戈庄村民俗小组组长，2017 年 6 月 26 日。
⑥ 访谈对象：刘 gn，男，70 岁，周戈庄村民俗小组组长，2017 年 6 月 26 日。

旧时的渔船主要是木制的帆船，帆船之"帆"音与"翻"同音，渔民忌讳，因称"帆船"为"风船"，称"船帆"为篷，称"升帆"为"掌篷"。

2. 为避免禁忌行为出现的防范

田横镇渔村在出海作业环节中对此类的实现预防规定得极为细致。炊具一般不能说翻过来，为预防这类行为的出现，船上会规定锅碗瓢盆都是需要正着放的，不能扣着放。此外，甲板上的桩子不能坐，船头不能坐。船老大一般每天会安排小伙计看着高灯，不让高灯熄灭。在船舱里睡觉时，船老大睡在离出口最近的地方，依次往里面排。为预防这类行为的出现，船上会规定如果半夜学童出来上卫生间，船长会用绳子拴着学童，如果学童意外落水，对行船安全非常不利。另外，在船上不能把脚搭在船帮上，防止鲨鱼经过时咬住脚；也不能在船上钓鱼，防止鲨鱼通过钓钩将人拉下海。① 船老大掌舵时坐的凳子其他小伙计是不能随便乱坐的，为预防这类行为的出现，船上会规定在船帮周围摆着几个小板凳，这些小板凳较船帮比较低，便于小伙计中途休息。②

3. 为避免特定事态出现的防御

造船用木的选料是这一禁忌类型的典型呈现。现在的船主要是由龙骨、梁、肋骨、船板、大拉、前首材、后尾头组成，先是排船的龙骨，然后是梁和肋骨，中间用板固定着，然后粘船（粘船即将船的各个部分组合在一起，形成一个整体）。在选料的过程中，船主需要走访各村看树，在这棵树身上曾经有没有发生不吉利的事。如果有，渔民不会选用这棵树作为排船的材料。另外不会选用有两颗心的树，认为其三心二意，船是需要一心一意为船主服务的。③ 粘船也是需要有仪式的。粘船时很多人会在前首材和龙骨连接处放上孙中山的硬币，意思是伟人领路可以收获满满。现在是在船厂排船，船主也是会去船厂放鞭炮和上香。此外，船下坞的时候也会发香火，放鞭。有钱人的船头的龙骨处会压上孙中山人头的钱，后来用硬币代替。④ 如果不放鞭炮、不上香，会被认为不吉利，对以后海上行船安全不利。

---

① 访谈对象：刘 gn，男，70 岁，周戈庄村民俗小组组长，2017 年 6 月 26 日。
② 访谈对象：刘 gn，男，70 岁，周戈庄村民俗小组组长，2017 年 6 月 26 日。
③ 访谈对象：刘 sy，男，55 岁，周戈庄村渔民，2017 年 6 月 28 日。
④ 访谈对象：刘××，男，56 岁，周戈庄村渔民，2017 年 6 月 25 日。

在海上打到的第一网鱼是要敬龙王的，选择最好的鱼祭拜。出海时会将吃剩下的饭菜带回到陆地，一个重要目的就是表示对龙王的尊敬，为的是以谦恭的姿态祈求避免对渔业生产不利的事情发生。[1] 渔民把每年春天的第一次出海捕鱼叫作"上网"。3 月 22 日会祭拜龙王，会在船头烧纸，摆上从家里带出来的供品，然后焚香烧纸。船老大带着小伙计们在船头跪拜，以避免对行船安全不利的事情发生。出海在外遇到危险时，要烧纸许愿敬拜，以求化险为夷，避免海难发生。每天傍晚张上网以后，在船头烧纸。一般每晚烧三张纸，三张纸叠起来烧，烧纸的时候嘴里还要念叨"天老爷爷少刮风，龙王爷爷多赠送"，以求换来渔业生产的好天气和好收成，免得因天气恶劣，鱼获不足，甚至空手而归。

（三）禁忌情况发生后的补救言行

如果在船上，不注意说出了"翻"字，老船长或者是长辈就会严厉教训或者拍一巴掌。在船上就餐时，吃鱼不将鱼整条翻转；忌讳说"翻过来"，要说"划过来"。他们认为白猪不吉利，但如果实在买不到，也必须将白猪的毛悉数染黑，才能最大限度确保不吉利不发生。渔民晒的网在以前也是不准女人从上面迈过去的。缆绳，一般在宽敞的地方弄，过去讲究男尊女卑，忌讳女人从上面迈过去，有一次有个寡妇从上面迈过去，缆绳断了，人们就觉得是她从上面迈过去致使缆绳断的，一般渔民看到女人从上面迈过去只是吼一下，就当没有看见。但即使装作视而不见，渔民仍会觉得这条女人从上面迈过的缆绳是不结实的，因此不可做关键作业所用。船上一旦出现意外情况，赶快点着黄纸，敬神烧纸，实际上是为了报警求救。[2]

二　田横镇周戈庄村禁忌的变化

禁忌是一种来自民众，传承于民众，规范民众，约定俗成的习惯，起

---

[1]　访谈对象：刘 gs，男，87 岁，周戈庄村退休干部，曾是村委渔业大队队长，2017 年 6 月 25 日。

[2]　访谈对象：刘 gn，男，70 岁，周戈庄村民俗小组组长，2017 年 6 月 26 日。

着文化认同的聚合力作用。① 尽管社会经济的发展带来渔民物质文化生活的巨大变化，使得渔村禁忌这一传统文化的有机组成部分"不断演进和发生变化"②，但必须指出，禁忌变化的发生具有显而易见的合理性。

（一）渔业生产禁忌的模糊化

田横镇渔村禁忌的影响无论是在地域层面，还是在人群层面，均在缩小。诸多渔村禁忌受到社会发展变化的影响而失去约束力，渔村禁忌的数量不断下降。传统的渔业生产、农业生产随季节、气候变化而定，在工作时长、工作量、工作效率无准确衡量标准为特征的生产方式下养成的村民粗放式时间观念正在发生改变。特别是放弃渔业生产的渔民，不再顾及不遵守禁忌可能带来出海安全问题。同时，过去渔业生产非常忌讳的"翻""倒"等词如今使用的频率开始上升，特别是青年一代。在生产禁忌方面，渔业生产禁忌的影响范围逐步缩小，大致以沿海从业者所在区域为中心向外影响范围逐步递减。部分生产禁忌在内陆地区已经失去或正在失去影响力。另外，在沿海地区，渔民在执行禁忌要求时有所放松，特别是在细节上，存在模糊化处理的现象。

（二）祭海节中禁忌的去神秘化

田横镇与许多沿海渔村相似，经历了从以血缘和地缘构成的初级社会向业缘社会的转变。③ 时至今日，随着渔村的转产转业和城市化的进程，大多数的渔民告别渔船，走向城市。随着市场经济的发展，部分禁忌被进一步商业化和市场化。值得注意的是，大量外来务工人员流入，在原地从事海产品加工、养殖渔业、休闲渔业等生产，特别是服务业。比如，以"渔家乐"为代表的旅游业大量进入渔村，使很多渔民成为休闲旅游接待户。对于陆地的城市人来说，海岛村落的自然风光和生产生活方式是具有吸引力的，包括出海捕鱼和垂钓等生活方式等。这样，很多渔民由于经济收入增加而仍然留在了海岛村落。一个典型的例子就是一年一度的田横祭海节。

---

① 刘芝凤：《闽台海洋民俗文化遗产资源分析与评述》，《复旦学报》（社会科学版）2014 年第 3 期。

② 〔英〕H·霭理士：《禁忌的功能》，刘宏威、虞珺译，中国人民大学出版社，2009，第 5 页。

③ 〔法〕爱弥尔·涂尔干：《宗教生活的基本形式》，渠东译，上海人民出版社，1999，第 126 页。

田横祭海节初衷是通过仪式化的出海祭祀，以保佑出海渔民人身和财产安全。随着青岛经济的快速发展，田横祭海节被持续市场化和商业化。当地政府通过大力宣传、运作田横祭海节，提高当地传统文化知名度，拉动经济增长。如今的田横祭海节已经成为当地的一张旅游名片，成为拉动当地旅游发展的重要文化资源。

（三）日常生活禁忌的淡化

在城镇化背景下，田横镇禁忌活动能够借助现代传播手段来发展自身，使禁忌活动可以更容易进入公众的视野。① 但是现代化的信息传播手段本身就对田横禁忌的发展提出了严峻挑战，迫使禁忌活动在传播方式、传播内容等方面进行调整。

农村的群体性质发生变化，农村社会从传统的熟人社会向陌生人社会转型。熟人社会里，村民的行为主要靠习惯、风俗、伦理道德等手段来调整。在陌生人社会中，血缘关系式微，利益关系渐渐突出。田横镇渔村的人际关系夹杂在"人情"与"利益"之中，人与人之间的相处更加复杂。部分渔民转产转业，很多人放弃了海洋生产工作。社会在变迁，人们的价值观念也在变迁。很多渔民认为自己的社会地位不高，不愿意让子孙继续参与捕捞生产。为追求更好的生活品质和更高的社会地位，很多渔民选择离开海洋渔村，进入城市生活。

以上调查显示，田横镇渔村禁忌的变化是不争的事实，但值得注意的是，上述变化的发生都是"理所当然"的。之所以"理所当然"，是因为上述禁忌的变化是时代发展潮流的大趋势。城镇化的进程改变了渔村的边界与空间，首先表现在城市化突破了村庄的自然边界，将整个渔村逐步纳入城市的体系。接着利用市场的强大力量，改变了传统渔村的产业结构和渔民的职业②，使渔村家庭结构、社区结构发生了不可逆转的变化，传统禁忌存在的空间无疑会受到影响；城镇化与现代化同样缩短了城市与渔村之间的距离，原本属于渔村内部的祭祀仪式也因外来者的介入而逐步失去神秘

---

① 李贺楠：《中国古代农村聚落区域分布与形态变迁规律性研究》，硕士学位论文，天津大学，2006。

② 唐国建：《海洋与村的终结——海洋开发、资源再配置与渔村的变迁》，海洋出版社，2012，第97页。

感；渔业经济结构的总体变化不可能不影响渔村的生产方式、生产组织形式，生产对象也会向着高附加值的海产品生产倾斜，致使传统渔村作业的形式发生根本性改变，从而必然性地导致渔村禁忌的变化。必须指出的是，正是上述渔村禁忌变化的合理性使我们发现，在社会变迁的时代洪流不可阻挡的推进过程中，田横镇的大部分渔村禁忌竟然还能如此完整地保留下来，才是最值得深思的事实。

三 田横镇渔村禁忌存续的原因

田横镇的渔村禁忌所发生的变化不仅具有合理性，而且禁忌在变化中仍基本完整地保留下来。这一"成长的过程"更令我们不得不追问，促使其存续的社会动因何在。事实上，田横镇部分渔村禁忌之所以在很大程度上得以存续，主要是因为满足了特定的社会需求。

（一）产业化快速发展对节庆、海洋文化的客观需求

城镇化的推进使城市与渔村的距离感消失，城市市民介入渔村空间，渔村文化受到外来者的瞩目，成为渔村的亮点。另外，渔村传统经济结构的瓦解使得渔村需要新的拉动产业的经济支撑，使旅游业有了发展的动力。青岛是旅游胜地，青岛的城镇化使周边渔村也成为青岛的一部分，近年来旅游产业发展势头良好。为了吸引更多游客，当地特色的渔业文化被当作宣传之重。改革开放以来，青岛经济持续快速发展，文化多元化发展加快，各种民间信仰活动再度活跃。[①]

两相结合，当地渔村祭海仪式的节庆化自然成为大势所趋。禁忌是渔文化的一个代表性符号，而渔文化在很大程度上又代表了渔村文化、渔村节庆文化，因而使得作为传统渔村文化一部分的禁忌借祭海节这一平台获得了存续的空间。田横民间文化蕴含着独特品格和地域气质，充分体现了渔民的审美追求、生存智慧。近年来，田横镇等地依托本地丰富的渔文化资源，融合时尚原创和民间手工艺，有效带动了当地文化休闲旅游业的发

---

① 王存奎：《民间信仰与社会和谐：民俗学视角下的社会控制》，《中国人民公安大学学报》（社会科学版）2009 年第 6 期。

展。田横祭海节举办时，一大批中外客商都为田横韵味十足的海洋文化和良好的投资环境所吸引。祭海节期间由广大群众参与的大型歌舞专场、品尝特色海鲜、青年志愿者海洋环保等活动，充满了浓郁的海洋文化气息。渔业禁忌也因海洋文化的繁荣而获得了被表达、被感受和被传播的途径，尽管禁忌原本的功能有所转变，却不能改变禁忌被传承下来的事实。

（二）城市化进程的加速带来海鲜文化的普及

城镇化的加速使渔村成了城镇的一部分，但青岛的"根"仍然在渔村。渔村存在的价值主要在于渔文化，从海鲜文化如今在青岛大范围内的普及可知，渔文化已经成为青岛文化的一个重要代表，而渔文化的一个有机组成部分就是"禁忌"。因此，海鲜文化的普及使渔文化及其中的渔村禁忌文化获得了存在的基本条件。海鲜文化，初看似是一种饮食文化，其实不然。青岛地区是人们旅游出行的热选之地，为了吸引更多游客，当地特色文化被当作宣传之重，不少传统民俗文化被贴上了"青岛特色文化"的标签。田横地区原为渔村，海鲜文化本自有之，但随着海产品冷冻保鲜技术的提升，城市运输物流的发展，以及城镇居民收入的增加，原本属于渔民群体及周边群体的海鲜文化被更广阔地域的人们认同为自己固有的文化。

（三）内生动力：不确定性的作用

我国封建社会历史漫长，迷信文化积淀深厚[1]，迷信的本质是对人与自然的不确定性，时至今日，对田横镇渔民的观念和行为仍有很大的影响。尽管在航海技术、冷冻技术和营销渠道等方面已经有了显著的提升，但近海渔业资源枯竭、渔民受教育程度低导致转产转业难度大、养殖业存在的各种风险、渔村发展中面临的各种难题使渔民群体的生活依然面临诸多不确定性。

"迷信"对渔民思维方式的影响包括：渔民通过参与迷信活动，把精神压力投射到神灵身上来自我安慰[2]；迷信致使心理麻醉，渔民家里有病人，

---

① 武云、刘庆乐：《迷信行为的文化渊源与当代特点》，《山东师范大学学报》（人文社会科学版）2007 年第 4 期。

② 王淑娟、李朝旭：《迷信的信息加工机制和心理安慰功能》，《赣南师范学院学报》2005 年第 2 期。

特别是慢性病人，久治不愈，肯定就开始"有病乱投医"，即使明知是一种迷信方式，也抱着"死马当成活马医"的心态去实行；满足认知内驱力。渔民总要觉得自己是有力量的、有依靠的，这样才感觉安全。所以在渔民别无选择的时候，迷信的解释正好满足了人们认知的需要，使人们对迷信深信不疑。

四　田横镇渔村禁忌存续的社会价值

至此已知，田横镇渔村禁忌由于契合了社会需求而得以存在，换言之，禁忌的存在如果不能契合社会需求将无法生存。但这是否意味着契合了社会需求的传统民俗文化都能获得存续的空间？答案并非如此，由上文分析可知，无论是海鲜文化的普及、祭海节的节庆化发展，还是渔村各种不确定性的存在，都不必然需要通过禁忌来加以调节，田横镇渔村禁忌的存续，是否还有其自身不可或缺的社会价值？

（一）渔业禁忌是渔村文化集体记忆所在

禁忌是渔村村民从小家庭教育、村中长辈教育的结果。每一代人都通过这样的方式获得关于渔业禁忌的知识。传统节日由于其文化传承和人格模塑的功能而塑造着人们的群体意识和族群认同。[①] 在社区性的传统节日中，田横镇社区在文化上得以整合和维系。认同感既有血缘上的联系，也有对族群文化的依赖性。传统文化存在地域和空间的认同感，凡是在相同或相近的空间生存的族群，会具有相似的生活、生产模式。人们在禁忌活动中放纵自己的情感，实现了民众之间的心灵沟通，进一步融洽了人们之间的关系。[②] 在禁忌活动中，不同年龄、性别的民众，不分富贵贫贱，通过这样的独特社交方式相互结识。田横镇禁忌活动就在这种的气氛中延续下来，成为田横社会凝聚人心的重要渠道。[③] 每年禁忌活动开展时，在外创业的人们都要回到生他养他的这片热土，田横镇禁忌活动与每个人都息息相关，也是他们积极参与的集体活动。人们在参加的过程中，实现了广泛的

---

① 马东平、周传斌：《回族节日民俗及其社会功能》，《甘肃社会科学》2000 年第 3 期。
② 柴楠：《中国民俗文化的宣泄功能研究》，硕士学位论文，辽宁大学，2006。
③ 陈育燕：《湄洲岛"闹妈祖"民俗舞蹈的社会功能探析》，《莆田学院学报》2010 年第 4 期。

交往，建立了相互信任的关系。① 因此，渔业禁忌的以上属性决定了其作为渔村文化的集体记忆不可分割的一个组成部分。渔村禁忌也是青岛人集体记忆的产物，是借助禁忌行为与表达方式将过去的传统植入现在的时空中。禁忌作为典型的青岛文化符号，具有社会整合剂的作用。

因此，当渔村文化成为整个青岛地区的社会群体的"文化之根"时，渔业禁忌就成了所有青岛人的集体记忆的"寄托所在"之一，因此具有不可或缺的存在价值。

（二）渔业禁忌是"青岛"传统海洋文化的根

首先，渔村禁忌从类别属性上属于渔村民俗，渔村民俗属于渔村文化。人类社会是群体社会，必须建立相应的秩序。民俗的功能在于根据特定条件，将某种行为方式予以肯定及强化，使之成为一个群体的行为准则。民俗对民众的思想和生活具有强大的约束力，它约束人们在日常生活和生产领域中的行为，迫使人们在一定的规则中行事。田横禁忌的控制性和价值标准已经作为一种生活模式，或者说是生活习惯，融入人们的日常生活中，人们很难意识到它的存在，但是人们一旦跨越了民俗规范的界限就会受到来自外界和自己内心的制裁。

其次，青岛地区的城镇化等社会变迁使得渔村成为青岛的一部分，又因为渔村是青岛的根源。从20世纪20年代起，随着沿海渔村的发展，周戈庄村所处东部海岸的渔村中心位置逐渐显现。改革开放以来，随着乡镇企业和个体工商业的发展，本镇的行业构成也随之发生变化。但无论周戈庄村及青岛作为一个整体如何扩大，产业结构如何调整，青岛的"根"在渔村。

再次，渔业禁忌作为一种社会控制，是民俗文化的核心。"民俗是一种约束面比较广的行为规范，在社会生活中，民俗就像一只无形的手，影响着人们生活的方方面面，支配着人们的行为规范。"② 规范功能是民俗事项的重要功能，它具有实施社会压力和社会控制的作用。许多民俗事项并不是法律，但在某些情况下却具有法律的功用，对人们的思想和行为具有强

---

① 焦娜：《论土家族八宝铜铃舞的流传》，硕士学位论文，中央民族大学，2009，第29页。
② 钟敬文：《民俗学概论》，上海文艺出版社，2009，第29页。

烈的约束效果。

渔村禁忌是渔民在日常渔村生产、生活过程中积累和提炼出来的海洋民俗文化。渔村禁忌源于渔村生产活动，同时反作用于渔民日常生活。田横渔村禁忌在社会规范方面有着重要作用，是其传承至今的重要原因。田横禁忌文化蕴含浓厚的文化价值和深刻的民族精神。2001 年 9 月，联合国教科文组织在其颁布的《文化多样性宣言》一文中："保持文化多样性就是保护人类共有的财产，文化多样性可以促进不同文化间的交流，保持文化多样性就等于保持人的尊严等。"田横镇禁忌经过不断地积累发展之后，渐渐成为一种重要的文化符号，具有十分重要和浓厚的文化价值。田横镇禁忌蕴含着田横人民对自然界和历史文化的敬畏之情。

（三）渔业禁忌是应对不确定性的传统方式

近海渔业资源不断枯竭，渔业生产面临的风险不断提高。在渔业生产中，从生产到销售环节面临自然风险、市场风险、技术风险、管理风险等诸多风险。无论在哪一个环节出现问题，都会导致渔业生产和渔民收入受到影响。渔业生产中所面临的极大不确定性使渔民对渔村禁忌更为重视。例如，2016 年 5 月，我国鲁荣渔 58398 号与马耳他籍货船在据宁波约 80 海里海域发生相撞，造成 2 人死亡；2010 年，海南文昌海域渔船沉没，致 4 人死亡 9 人失踪；等等；都表明了渔业有很大的不确定性，而禁忌刚好在这种不确定性中起到了一定的心理安慰作用。

尽管气象科技和海洋环境监测预报有了长足进步，但至今仍然难以对灾害性天气和赤潮等进行完全准确的预报。台风、暴雨、冰雹、病害、温度异常（持久高温、寒潮和连绵阴雨）和污染等，都是自然界频繁发生的自然灾害，常常给渔业生产带来毁灭性损失。随着社会的市场化、现代化转型，田横镇当地渔民逐渐开始了转产转业，船只大都租给了外来人口，外来人口遵从当地习俗，按照渔村禁忌的要求从事渔村生产活动。经济和商业的繁荣吸引了大量从业者参与其中，商业活动的高风险性在一定程度上增强了渔村禁忌的说服力。在远洋捕捞中也有很大的风险，渔民在捕捞的过程中也会与国外的海警发生冲突，可能会给自己带来一定的损失。例如，2012 年中国渔民与韩国海警发生冲突，9 名中国渔民被扣押，并进行了一定的赔偿。2012 年俄罗斯炮击我国渔船等事件都表明了远洋捕捞有很大的风险，这更加剧了渔民对禁忌的重视。

（四）渔村群体自我认同的影响

田横镇渔村禁忌并不是青岛地域社会历史上静默的存在，而是青岛人集体记忆传承至今的产物。因此，田横镇渔村禁忌作为典型的青岛文化符号，具有社会整合剂的作用。田横镇渔村禁忌被赋予了胶东地区文化符号的角色，用以不断重构胶东地区的过去。祭祀传统存续至今并获重构的事实本身也是在表述胶东地域社会"有必要"这么做。随着海洋开发进程的加快，沿海地域社会正在经历各方面转型。新形成的社会关系与社会秩序需要规范加以调整，田横镇渔村禁忌所具有的规范作用显然是转型地域社会所需要重视的。[1]

在胶东地区城镇化、现代化的发展过程中，渔村空间的变化不容忽视，海洋渔村的文化边界，对个体的渔民来说，是所有边界中最重要的、最核心的部分。因为个体渔民对自己村民身份的认可和村庄共同体的认可，或者村民群体是否拥有共同的价值体系，直接关系到渔民群体的合作。在海洋社会中，渔民与渔民之间相互认同主要通过各种祭祀活动来实现。[2] 渔村边界的消失使渔村作为整体存在的合理性成为一个问题。边界的消失淡化了祭海仪式的神秘色彩，改变了渔村外部社会群体对渔村及自我的认知，带来了渔村发展变化的诸多不确定性，而以上变化更带来了渔村内部对自身作为整体的自我认同危机。但正如社会学者罗恩·科恩和保罗·肯尼迪所指出的："到处都充斥着令人神往的文化认同标志。"[3] 随着经济发展，部分渔民转产转业，很多人放弃了海洋生产工作。社会在变迁，人们的价值观念也在变迁。为追求更好的生活品质和更高的社会地位，很多渔民选择进入城市生活。渔村外部因素的介入也会反过来激发渔村内部强化自身认同的动力。社会经济的发展使渔业生产的方式和手段不断更新和进步，渔业捕捞不再是海洋生产的唯一形态，近海养殖行业日渐兴盛。很多原来从

---

[1] 冯琳：《胶东地区民间面花艺术与保护》，硕士学位论文，山东大学，2009。

[2] 唐国建：《海洋渔村的终结——海洋开发、资源再配置与渔村的变迁》，海洋出版社，2012，第33页。

[3] 〔英〕罗恩·科恩、保罗·肯尼迪：《全球社会学》，文军等译，社会科学文献出版社，2001，第328页。

事渔业捕捞的渔民开始走上陆地，从事近海养殖、加工工作。渔村禁忌发挥作用的场所由海上转移到陆地、近海。渔民对海洋仍然充满敬畏和尊敬。渔村禁忌也成为联系渔民的认同手段。渔村禁忌并未因为渔民放弃渔业捕捞转而从事近海养殖遭到抛弃或者削弱，只是发挥作用的方式发生了变化。

五 结语

禁忌是一种历史悠久且极为复杂的文化现象。[①] 渔村禁忌是我们建设和谐农村和社会主义文化的重要根基。渔村禁忌是渔民在生存活动中创造出来的文化，渔村禁忌一方面因其价值而传承下来，满足当代民众集体精神需求；另一方面因为其凝重的沉稳性，一些不再实用的习俗与时代新需求融合而发生变异，继续在社会中发生作用。从田横镇渔村禁忌的个案来看，渔村禁忌具有民间社会性，要以科学的方式促进其发展传承。必须注意的是，传统文化往往有众多环节，对海洋实践活动产生积极影响。

社会经济的发展使得渔业生产的方式和手段不断更新和进步，渔业捕捞不再是海洋生产的唯一形态，近海养殖行业日渐兴盛。渔村禁忌并未因渔民放弃渔业捕捞转从事近海养殖而遭到抛弃或者削弱，只是发挥作用的方式、途径和空间发生了变化。尽管渔民已经不再进行具体的渔业捕捞活动，但是对渔村禁忌十分尊重和信任。渔村禁忌成为他们之间身份认同的重要媒介，正是渔村禁忌才使他们找到对海洋生产、海洋经济的认同和尊重。

---

① 张冠梓：《禁忌：类同于法律属性的初级社会控制形态》，《中央民族大学学报》（哲学社会科学版）2002 年第 4 期。

中国海洋社会学研究

2018 年卷 总第 6 期

第 143～152 页

© SSAP，2018

唐五代以前上海海神信仰略述

毕旭玲*

摘　要：唐五代及以前，上海地区的海神信仰之重要、海神祠庙数量之多、民众信仰之虔诚，可能远远超过想象。从文献记录来看，唐五代以前上海地区有四种具有代表性的海神信仰：柘湖女神信仰、霍光信仰、袁崧信仰和海龙王信仰。这些海神信仰具有三个共同特征：第一，具有鲜明的地方色彩；第二，人鬼型海神多，信仰发展较早；第三，对将领型鬼神信仰的偏好明显。

关键词：唐五代　海神信仰　上海地区

上海地区的大部分陆地是由长江潮流与海浪共同冲击形成的，因此，海洋是上海先民最重要的生活环境。海洋所蕴含的巨大财富、美丽的海景、变幻莫测的海洋气象等促发了上海居民对海洋神灵的想象，形成了丰富的海神信仰资源。上海海神信仰起源很早，且与濒海民众的生产生活息息相关。但因为上海地区位置一度略偏，缺乏足够的文化影响力，海神信仰又大量存在于民间，因此，早期海神信仰的情况缺乏系统记录，仅散见于地方志、笔记小说等文献，口头流传的神话、传说，以及部分文物与建筑中。通过对这些文献、口头以及实物材料的整理，本文发现：上海地区在唐五

---

* 毕旭玲，文学博士，博士后，上海社会科学院文学研究所副研究员，硕士生导师，研究方向：民俗文化。

代以前就形成了以柘湖女神信仰、霍光信仰、袁崧信仰和海龙王信仰为主的独具地方特色的海洋信仰文化。

一　柘湖女神信仰

柘湖女神信仰大约产生于西汉后期。柘湖的具体位置在今上海金山区金山嘴外的近海中，大小金山岛附近。这一片海域曾是秦代设置的海盐县治所在地。秦始皇置会稽郡，下辖三个县位于今上海境内或与上海境域有重合，它们分别是嘌县（后改为娄县）、由拳县和海盐县。"海盐"之名反映了当时上海金山与奉贤沿海地带海盐生产的发达。《汉书·地理志》曰："海盐，故武原乡，有盐官，莽曰展武。"这一记录表明：在秦汉时期，上海金山一带的盐产区曾设立过主管盐政的官署。到了王莽新朝，海盐县曾更名为展武县。约在西汉后期，位于金山境内的海盐县城因海潮冲浸而陷为湖，名柘湖，县城遂搬至今浙江平湖境内。南宋绍熙《云间志》卷上"古迹"引东汉的《吴越春秋》、唐代的《元和郡县志》等文献，记录了该城陷为湖的传说：

> 柘湖，《旧图》①：在县南七十里，湖中有小山生柘树，因以为名。《吴越春秋》、《元和郡县志》：海盐本秦县，汉因之。其后县城陷为柘湖，移于武原乡，后又陷为当湖。

秦海盐县旧城被海水吞没以后形成柘湖。最初的柘湖范围广大，应该与周边的淡水河流湖泊相通，并且有水道与大海相通，所以很快形成淡水湖泊，成为周边居民生活用水和农业灌溉的重要来源，并且有着丰富的水产资源。因为柘湖对生产生活和自然生态的重要意义，民众创作出了掌管柘湖的湖神——柘湖女神。

柘湖女神是有记录的上海地区较早的海神之一。根据文献所记录的古代传说，柘湖女神为秦人：

---

① "旧图"指《越州图经》，也称《祥符图经》，成书于北宋大中祥符年间（1008～1016 年），已轶，其内容散见于后世方志。

世历亡秦远，湖连大海濒。柘山标观望，玉女见威神。渺渺旁无地，滔滔孰问津。何年化鱼鳖，仿佛历阳人。

这一段文字来自北宋华亭县令唐询创作的《华亭十咏·柘湖》。它塑造了神威灵异的柘湖女神的形象，并记录了当时壮丽的柘湖风光。唐询自注"柘湖"，说它"在县南七十里。湖中有小山，生柘树，因以为名"，并引用文献说："《吴越春秋》：海盐县沦没为柘湖。《秦地记》：秦时有女子入湖为神。今其祠存。"《秦地记》即《晋太康秦地记》，是一本诞生于西晋初年的地理书。此类地记专门记载地方山川风土、物产和人物等情况，主要流行于东汉和魏晋南北朝时期。《晋太康秦地记》早已佚失，仅能从其他文献的偶然引用中窥见其部分内容。该书较早提及柘湖女神及其成神时间。女神为秦人，不知道什么原因投湖而死，死后被奉为湖神。

柘湖女神为秦人的传说，与西汉海盐县城陷为柘湖的历史不符。但作为民间传说，秦女为柘湖神的传说流传很广。华亭县令唐询对柘湖女神持肯定和褒扬的态度，而同时代王安石的同名应和诗则对此持怀疑态度，认为秦女为湖神之说大概是谣传：

柘林著湖山，菱花漫湖滨。秦女亦何事，能为此湖神？年年赛鸡豚，渔子自知津。幽妖窟险阻，祸福易欺人。

肯定也好，否定也罢，柘湖女神为秦人的传说说明柘湖女神信仰由来已久，并且一直持续到五代以后的北宋时期。唐询说柘湖女神"今其祠存"，王安石也在诗题下自注说："记云：女子为湖神。今有庙。"（《王荆文公诗笺注》卷十九）不仅有庙，王安石诗中还描述了北宋柘湖女神庙庙会的盛况："年年赛鸡豚，渔子自知津。"柘湖女神传说内容比较丰富，许尚的《华亭百咏·秦女祠》中就记录了秦女成神的经历："狼秦崇苛政，有女亦蒙冤。欲吊兴亡事，神应耻重论。"这里的柘湖女神传说显示的信息更丰富：秦女因苛政而蒙冤，因冤情无处诉而投湖，后化为湖神，受到当地百姓的崇信。许尚的记录说明他听闻过当时的柘湖女神传说。

南宋以后，柘湖逐渐淤塞，两岸都成为芦苇种植地，《云间志》卷上"古迹"记录说："湖周回五千一百一十九顷，其后□塞，皆为芦苇之场，今为湖者无几。"大约随着柘湖的日渐萎缩，柘湖女神信仰在南宋时期衰落了。

二　霍光信仰

霍光信仰也是在唐五代以前就盛行的海神信仰。三国时期，吴末帝孙皓在今金山近海中的大金山岛上修建了神庙，祀霍光。《绍熙云间志》卷中"金山忠烈昭应庙"条记录说：

> 庙有吴越王镠《祭献文》云：以报冠军之阴德。《吴越备史》云：大将军霍光，自汉室既衰，旧庙亦毁。一日吴主皓染疾甚，忽于宫庭附黄门小竖曰："国主封界华亭谷极东南有金山咸塘，风激重潮，海水为害，非人力所能防。金山北古之海盐，一旦陷没为湖，无大神力护也，臣汉之功臣霍光也，臣部党有力，可立庙于咸塘，臣当统部属以镇之。"遂立庙，岁以祀之。

根据记录，金山忠烈昭应庙修建于吴末帝时期。当时孙皓病得很严重，霍光附身于宦官身上显灵，称自己能捍卫金山海滨。孙皓于是为他修建了神庙，每年定期祭祀。霍光信仰于是在上海地区传播开来，五代时期的吴越王钱镠还曾因为报答霍光的护佑之德而为其撰写了祭文。说明唐五代及以前的霍光是被纳入官方祭祀体系的海神。不仅如此，霍光信仰还以上海金山地区为中心，向周边地区传播，"三吴滨海皆有（霍光）祠"（《嘉禾百咏》）。

霍光信仰在金山地区的产生，与上海南部在历史上曾发生过多次大规模的陆地沦海事件有关。位于杭州湾北岸的上海南部历史悠久，在金山区的戚家墩、查山、亭林等地先后发现过古代文化遗址，出土了大量古代文物。根据考证，这里的历史可以追溯到 6000 多年前。在这一块土地发生大规模的陆地沦海事件之前，"今上海奉贤的柘林到浙江海盐的澉浦之间，海岸线向东南伸展，与今之杭州湾中的王盘山相连。今海盐、乍浦、金山卫以东，则是一片广袤的陆地"。[①] 大约在东晋时期（317～420 年），杭州湾

---

① 陈桥驿：《浙江地理简志》，浙江人民出版社，1985，第 329 页。

北岸遇到强海潮的冲击，其西南部大片陆地塌陷于海中。首先沦入海里的是王盘山，其次是大小金山。

从北宋到南宋，金山海岸不断坍进，霍光得到了来自朝廷的多次加封，如北宋宣和二年（1120 年）赐额显忠庙、宣和五年封为忠烈公等。南宋建炎三年（1129 年），霍光被加封为忠烈顺济公，并赐缗钱对霍光庙加以修缮，翌年加封昭应。一直到元代以后，这一带沦海的速度才减缓。大金山岛沦入海中以后，霍光庙不容易通达，但霍光信仰依然在上海南部地区延续下来。清代汪巽东在《云间百咏》中有一首竹枝词咏霍光庙，词后附有解说，曰："（霍光庙）后废，土人各祀于家，号金山神主，今建在朱泾东惠民桥。"

三　袁崧信仰

袁崧信仰的形成，与唐五代以前流经上海地区的吴淞江的重要性有关。唐以前，吴淞江、娄江和东江组成的"三江"是太湖三条入海水道。吴淞江两岸众多支流汇入，江面深阔，更是重要航道，"吴淞古江故道，深广可敌千浦"（《吴郡志》卷十九"水利"）。东吴以后的六朝都建都建康（今南京市），太湖流域是其心腹之地，作为太湖流域重要的入海航道，同时也是从海上通往太湖流域的重要通道的吴淞江入海口自然是海防要地，这里自古就有不少来自海上的军事袭扰；东汉阳嘉元年（132 年），从海上聚众起事的曾旌曾进攻会稽郡东部都尉，[1] 汉顺帝因此下诏沿海各郡屯兵；东晋咸和元年（326 年），石勒派刘征率数千人从海上进犯娄县。[2]

袁崧就是抵抗海上侵袭的军事将领。绍熙《云间志》卷上"古迹"对袁崧的事迹进行了记录："又《通鉴》晋隆安四年冬十一月，吴国内史袁崧筑沪渎垒以（孙）备恩。明年恩陷沪渎，崧被害。《寰宇记》以为袁崧城（即沪渎垒）在县东百里。城在沪渎江边，今为波涛所卫，半毁江中。"袁崧是东晋人，曾做过吴郡太守、左将军。东晋隆安四年（400），会稽郡世奉五斗米道的士族孙恩作乱，进攻吴郡，吴郡太守左将军袁崧重修沪渎垒[3]

---

① 时辖上海地区。
② 今上海的松江、青浦北境等地当时属娄县。
③ 故址在旧青浦镇西，宋代沦入江中。

作为防御工事；第二年，孙恩率部进攻沪渎，袁崧战死。

袁崧生前为抵御孙恩而加固和修筑了沪渎垒。沪渎垒最早为晋史虞潭所筑。为防备孙恩，作为吴郡太守的袁崧曾率众对其进行了加固（《晋史·袁崧附传》）。传说中，袁山松修筑的防御工事还有筑耶城。绍熙《云间志》卷上"古迹"记录说：

> 筑耶城，在县东三十五里，高七尺，周回三百五步。旧经曰：晋左将军袁崧所筑，遗址尚存。

筑耶城的面积明显较小，比较像一个海防哨所，而非大规模驻扎军队的堡垒。也有文献称其为袁公城。但无论是筑耶城还是袁公城，都不大像一个正式的名称，大约就是民间对它的称呼。

因为修筑了筑耶城，当地人将袁崧称为"筑耶将军"，在他死后立"筑耶将军祠"进行祭祀，俗称袁将军庙。宋绍熙《云间志》对该祠有记录："（祠）在（华亭）县东三十五里，高七尺，周三百五步。"

袁崧的传说在上海地区流传甚广，直到 20 世纪 80 年代还在虹口区曾经采录到一则《筑城王袁崧》传说[1]：

> 从前，上海有一个很出名的人，他姓袁名崧，人称筑城王。说起筑城王这头衔，还有一段故事：公元三九三年，有五斗米教的信徒在孙恩的领导下起义。江南八郡农民闻讯纷纷响应，很快发展到几十万人，转战于江南地区。东晋皇朝非常震惊，连忙派了几路大军去镇压。后来孙恩失败，率众向上海逃去，意图入海休整。那时候，上海属于吴郡。上海的沪渎江（就是现在的苏州河下游地段）直接流入东海。身为吴郡太守袁崧得知孙恩起义后，连忙在吴淞江两边各修筑了一座沪渎垒，防备孙恩来犯。不久之后，孙恩大军进入上海境内，两军交战，由于兵力悬殊，袁崧兵败被杀。他的尸体亏得有部下冒着生命危险抢夺过来，才得以安葬入土。

---

[1] 陆健、赵亦农主编《中国民间故事全书（上海·虹口卷）》上，知识产权出版社，2011，第 50 页。

其后，农民军被晋朝大军打败，孙恩投海自杀。东晋王松了口气，于是就论功行赏。因为袁崧死守有功，朝廷追封他为司空左将军并责令当时的青浦县官老爷在当地为袁崧建祠祭祀。因为袁崧生前在此筑过一城名叫筑耶，所以此祠起名为筑耶将军祠。

该传说还认为：袁崧不但修筑了沪渎垒和筑耶城，在浙江的上虞、海盐等地也修筑过城，所以后人就给了他一个"筑城王"的头衔，并在各地为他建祠祭祀。传说中提及的浙江上虞、海盐等地，也是当初袁崧率众抵抗孙恩进犯的战斗前线，很可能曾经有过祭祀袁崧的祠庙。

为何上海的袁崧庙被称为"筑耶将军祠"？"筑耶"一词何解？因为距离太过遥远，这些问题已经不可追。但大约是与修筑抵抗海上侵略的军事设施有关，所以袁崧信仰是与海防相关的海神信仰。

四 海龙王信仰

海龙王是从图腾时代演化而来的传统中国海神，是上海民间信奉的传统海神，也是古老的中国海神崇拜的重要内容。海龙王信仰的形成比较复杂，可以追溯至图腾时代，是佛教中的龙王与中国蛟龙海神融合的产物，其神容在隋唐之际因皇家的加封而逐渐与人间帝王相似。唐玄宗在天宝年间册封了四方海龙王，"十年正月，以东海为广德王，南海为广利王，西海为广润王，北海为广泽王"（《通典》卷四十六《礼六·吉礼五》）。此后，海龙王信仰几乎遍布中国从沿海到内陆的每个地方，龙王庙是最常见的祠庙之一，龙王故事是最普遍的民间故事主题之一，上海也不例外。从庙宇庵堂到传说故事，上海海龙王信仰的踪迹随处可见。上海现存的佛寺道观中，可以找出大量与海龙王信仰有关的寺庙名称，如龙华寺、龙音寺、巽龙庵、五龙禅寺、青龙寺、蟠龙庵、龙王庙……虽然这些寺庙不断毁损然后重建，最初供奉的神灵已难觅踪迹，但从留下的寺庙名中不难看到海龙王信仰的痕迹。民间传说中有更多海龙王信仰的内容，比如流传在松江泗泾一带的《蟠龙塘与龙珠庵》、在松江天马乡一带流传的《龙女缘》、流传在静安一带的《海明珠》、流传在金山朱泾一带的《癞痢头和海龙王的女儿》、流传在杨浦一带的《定海棍》等。

上海地区海龙王信仰发达很早。北宋景祐四年（1037 年），时任两浙转运副使的叶清臣，疏浚青龙江、盘龙汇从沪渎入海，曾专程到上海祭祀通济龙王祠。绍熙《云间志》卷中"祠庙"载录了此事："通济龙王祠在沪渎，故老相传自钱氏有国已庙食兹土。本朝景祐五年，太史叶清臣为本路漕司，浚盘龙汇祷于故庙，神应如飨，于是复新祠貌。有叶太史祭文刻石于庙中。"叶清臣还曾作《祭沪渎龙王文》，《嘉禾金石志》卷二一、绍熙《云间志》卷下等文献均载录了此祭文：

> ……苏秀之人皆云：神故有庙在江涘，钱氏有土，祀典惟夤。霜星屡移，栋宇崩壊，官失检校，民无尊奉。自时厥后，岁亦多水。且谓神不血食，降灾下民。清臣躬行按视，徇人所欲，乘乎农隙，醮此江流。神果有灵，主斯蓄泄，敢告无风雪，无瘟疠，举畚而土溃，决渠而水降，昔改沮泽，化为坏田，即当严督郡县，修复祠宇，春秋至飨，蘋藻如故……

从祭文的内容来看，通济龙王是五代时期就已经存在且被纳入祀典的传统水神。叶清臣主持开凿盘龙汇时曾在通济龙王祠祷告，工程进行得比较顺利，他认为是受到了通济龙王的护佑，便重建了该祠。

除了受到官方祭祀的通济龙王之外，唐五代以前上海松江地区的民众还信仰白龙。白龙信仰的遗迹在松江老城区西北的横云山。横云山上有白龙洞，山腰有白龙祭坛。绍熙《云间志》说："横云山在县西北二十三里，高七十丈，周回五里。本名横山，天宝六年易今名，与机山相望仅五里许，或云因陆云名之。有白龙洞在山顶之东南隅。"《舆地纪胜》也说："白龙洞在华亭县横云山顶，下通淀山湖，每风雨夜有龙出入洞中。"宋代许尚的《华亭百咏》中也有《白龙洞》一首，曰："呼吸湖中水，山椒寄此身。洞门风雨夜，电火逐霜鳞。"其附记称："在横云山顶，下通淀山湖，每风雨夜，有龙出入洞中。"

虽然现存关于东海白龙信仰的最早记录是宋代的《云间志》，但从上述宋代文献的字里行间中，我们不难看出白龙信仰并不是宋代的新生事物。根据松江民间传说，大约在唐代，当地民众已经有了龙信仰，并举行祭龙求雨仪式。民间传说《扎草龙求雨》[①] 讲述了这样的故事：唐代大旱，松江叶榭出身的仙人韩湘子为救父老脱困，吹起神箫，召来东海龙施云布雨，解救了当地民众。众百姓为了报答韩湘子"吹箫召龙"的恩德，就将冶铁塘改名叫"龙泉港"（即叶榭塘），还用田里丰收的青料柴火，扎成"草龙"边跳边舞。此后，草龙祈雨便成为当地的一种民俗活动。至元《嘉禾志》卷十四《古迹》也记录："白龙洞在横云山西南绝顶，洞口阔三丈，其深不可知。山之半有祭龙坛，方丈许，岁旱尝祷焉。"可见，祭龙求雨的习俗在元代依然盛行。起源于唐代，并流传至今的国家级"非遗"名录项目——叶榭草龙舞就是松江地区龙信仰的具体体现。

五　唐五代以前上海海神信仰的特点

唐五代是上海地区社会文化发展史上一个重要的转折点。上海地区"古为《禹贡》扬州之域。春秋属吴，后属越"，其社会文化长期受到吴越文化的影响，具有浓郁的吴越地域特色和上海本土特色。海神信仰也是如此。但五代以后，随着经济重心的南移，包括上海地区在内的江南，其社会文化都得到了迅速发展。但地区文化也深受中原文化的影响，逐渐失去了原初的地方特色。因此，与唐五代以后的海神信仰相比，唐五代以前的上海海神信仰的地方特色更鲜明。这是唐五代以前上海海神信仰的特点之一。本文所述及的四例具有代表性的海神信仰中的三例都产生于上海地区，与上海濒海地貌、地理条件以及历史文化传统密切相关。即使是流传广泛的海龙王信仰，在演变的过程中也与本地文化传统相结合，具有鲜明的地方性。

唐五代以前上海海神信仰的第二个特点是人鬼型海神多，信仰发展较早。中国民间信仰走过了从原始自然崇拜到人鬼崇拜的漫长发展过程。在海神信仰产生初期，先民大多以海洋水体为神，或者以海中动物为神。进入传说时代，海神信仰依然受原始海神自然崇拜的影响，海神形象显示出半人半动物的特征，比如《山海经》中记录的早期海神形象就是如此。"东

---

① 《扎草龙求雨》，载编辑委《中国民间故事集成·上海卷》，中国 ISBN 中心，2007，第628 页。

海之渚中，有神，人面鸟身，珥两黄蛇，践两黄蛇，名曰禺𧜀。黄帝生禺
𧜀，禺𧜀生禺京。禺京处北海，禺𧜀处东海，是惟海神。"（《大荒东经》）
东汉佛教传入中国之后，来自原始图腾崇拜的本土龙与佛教的护法神龙结
合，产生了"海龙王"的形象。海龙王虽然从形象上还带有动物性，但其
社会属性和人格性已经大大加强。大约在两宋时期，以人鬼为神的海神信
仰才逐渐多起来，其代表性的海神就是妈祖。但从前文的论述中可以看出，
在汉晋时期，上海濒海地区就已经产生了不少人鬼型海神。这说明上海地
区的海神信仰发展较早。

　　第三个特点是，唐五代以前上海地区的海神信仰还表现出民众对将领
型鬼神的偏好。前文所举四位海神中的两位——霍光与袁崧，都是将领型
的海神。这两位将领在死后能被奉为海神，一方面与上海重要的战略地理
位置有关。上海境内的古吴淞江曾是吴地三条主要入海水道之一，这里自
古就有不少战争，留下众多英雄将领的传说。另一方面也与古代上海民众
的选择相关。在上海民间信仰发展历史上，曾产生过大量的将领型鬼神信
仰，最具代表性的如汉初功臣信仰。在上海地区的城乡，曾广泛存在萧王
庙、曹王庙、樊将军庙等祀奉汉初功臣的祠庙。这说明上海古代民众对将
领型的鬼神具有一定的偏好。这种信仰偏好的形成，可能与上海临海以及
古代先民在搏击海洋中寻求生存而形成的彪悍的民风有关。当然，上海民
风是多元的，其中也有在吴越文化与江南文化浸染中形成的细腻柔和的
一面。

专题："海遗"传承与发展

中国海洋社会学研究

2018 年卷　总第 6 期

第 155～182 页

© SSAP, 2018

非物质文化遗产渔民号子
保护、传承与发展[*]

——以长岛渔号为例

刘良忠^{**}

摘　要： 长岛是环渤海地区、山东省唯一的海岛县。目前，以渔民号子为代表的海岛渔（民）俗文化传承后继无人，国家级非物质文化遗产面临失传的危险。通过问卷调查、人物访谈等实地调研发现，渔民号子面临一系列困境，包括：传承载体的消失、缺少传承人、海岛人口减少等。运用 PEST 方法，对困境的原因进行了全面剖析。探讨了新时期长岛渔号保护、传承的价值和意义，赋予了其在新时代的精神内涵。提出了渔号保护、传承与发展的 3 种模式。文化生态保护区模式、体验休闲旅游区模式、"互联网＋"模式，提出了 5 种路径。协调路径、联动路径、市场路径、参与路径、创新路径，提出了有针对性、可操作性的政策、建议，特别是提出了"游客变渔民""互联网＋渔号"等创新性思路，并设计、开发了面向旅游者、吸引年轻群体的 H5 微海报、微信小程序等。

关键词： 长岛　非物质文化遗产　渔民号子

---

* 基金项目：国家社会科学基金特别委托项目（07@ ZH005）、中国行政改革研究基金项目（2015CSOARJJKT016）。

** 刘良忠，山东省社科规划、山东省软科学重点研究基地鲁东大学环渤海发展研究院副院长、教授，主要研究方向为战略管理、跨海通道。

一　引言

（一）研究背景

近年来，经济和社会的快速发展，海岛和大陆的联系日益紧密，特别是一系列连陆工程的建设，使越来越多的海岛由"孤岛"变为"半岛"，海岛的属性逐渐弱化，原有的特色民（渔）俗文化也相应地受到了冲击，部分民（渔）俗文化面临消失的困境。如何保护、传承海岛文化以及实现其更好的发展，成为亟须解决的现实问题。

党和国家对传统文化、非物质文化遗产传承发展高度重视。2017 年 1 月，中央和国务院提出"实施中华优秀传统文化传承发展工程"，号召社会各界以实际行动弘扬民族精神，传承优秀传统文化。渔民号子作为劳动号子的一种，极具海洋特色，是我国沿海地区劳动人民千百年流传下来的渔俗文化的精华，也是中华优秀的传统文化和宝贵的非物质文化遗产。目前，渔民号子面临着生存环境萎缩、后继乏人等窘境，几近成为绝响。探索新时期如何对其进行保护、传承与发展，已迫在眉睫。

自 2014 年起，笔者和鲁东大学、浙江海洋大学等高校师生组成"海岛行"团队，在东部沿海地区特别是海岛地区连续展开调研，剖析渔民号子面临的困境和危机，挖掘渔民号子在新时期的精神内涵，提出相应可行的保护建议，探索保护、传承与发展的新思路，创新非物质文化遗产保护传承的模式，为国家传统文化发展，非物质文化遗产保护、传承和开发等提供决策依据，为区域海洋文化发展提供智力支持。

（二）国内外研究现状

我国的渔号多分布于渤海、黄海、东海以及内陆大河，其中海洋渔号中具有代表性的有长岛渔号、舟山渔号、象山渔号、长海渔号等。经检索相关文献，现有的研究方向大多倾向于音律、音乐方面，而关于渔号保护、传承的研究较少。目前能检索到的有关渔民号子最早的文献是 1981 年星学等人撰写的《山东蓬莱渔民号子》，这也是介绍蓬莱渔号较为详细的一篇文献。①

---

① 星学、金西、俊礼：《山东蓬莱渔民号子》，《齐鲁艺苑》1981 年第 1 期。

1982 年，江明惇在《汉族民歌概论》和《民族音乐学论文集》中，对渔船号子进行了多方面概括和音乐特性分析。同年，李新学的《谈山东渔民号子的艺术特点》也从艺术角度分析了山东省渔民号子的艺术特点。① 1985 年，黄允箴的《春潮滚滚，渔号声声》详细介绍了吕四渔号。1989 年，李礼和杨蕾在《齐鲁艺苑》上发表《大海酿出来的歌——莱州单山渔号结构研究》，比较系统地介绍了单山渔号的艺术结构。② 1989 年出版的《长岛民间文学集成》是长岛民间文学的原典资料，对长岛渔民号子也做了一定介绍。1994 年，万年华、黄允箴的《吕四渔号的旋律形成——寻觅音乐起源的踪迹》追溯了吕四渔号的发展历史。1999 年，施王伟的《舟山渔民号子音乐》第一次从音乐角度分析了舟山渔号的艺术价值。2000 年 3 月，ISBN 中心出版的《中国民间歌曲集成》山东卷记载了"长岛渔号"的谱例。2007 年，民俗学家单曼、单雯编著的《山东海洋民俗——齐鲁民俗丛书》，对海洋渔民号子进行了比较系统的描述。《长岛县志》和 2003 年由邹新平编写的《碧海仙山神话》等，对长岛地区民俗文化和长岛渔号在历史发展过程中的作用进行了全面的阐述。此外，还有部分研究生如张姣阳、高洁、王毅等的学位论文，围绕胶东、长岛的渔民号子，也进行了一定的研究。③ 舟山渔号方面，2010 年浙江省舟山市群众艺术馆的沈奕汝在《让渔民号子在海天之间悠扬传唱——舟山渔民号子的艺术综述》里提出了保护、传承舟山渔号的六点想法。④ 徐成龙的《舟山渔歌号子的探析与传承保护》对渔民号子做了系统的整理和分析，同时探究了舟山渔号传承保护的方法。⑤ 近年来，浙江海洋大学的教师、学生也对舟山渔歌、渔民号子的类型及保护做过一系列调查研究。

上述研究大多是从民间文学、民间音乐等角度，对渔民号子进行的探索，缺少对渔号保护、传承与发展的深入研究。本项研究正是基于此而深入展开调研，鉴于长岛渔民号子是首批被列入国家级非物质文化遗产名录的渔民号子，因此以长岛渔号为例，探讨在新时代下系统性地保护、传承

---

① 李新学：《谈山东渔民号子的艺术特点》，《齐鲁艺苑》1982 年第 1 期。
② 李礼、杨蕾：《大海酿出来的歌：莱州单山渔号结构研究》，《齐鲁艺苑》1989 年第 1 期。
③ 王毅：《关于胶东渔民号子的探究》，硕士学位论文，山东师范大学，2009。高洁：《山东长岛渔号研究》，硕士学位论文，山东师范大学，2012。
④ 沈奕汝：《让渔民号子在海天之间悠扬传唱——舟山渔民号子的艺术综述》，《中国民间文化艺术之乡建设与发展初探》，中国民族摄影艺术出版社，2010。
⑤ 徐成龙：《舟山渔歌号子的探析与传承保护》，《当代音乐》2017 年第 2 期。

和发展渔民号子的可行性对策。

二 渔民号子的起源及发展

（一）渔民号子简介

渔民号子是旧时代渔民在航行捕鱼时一种与传统海洋捕捞作业相匹配，作为传递劳动信息、协调劳动的号令，它寄托了劳动人民对美好生活的期盼，具有凝聚民心、维系团结、怡情乐性的作用。它是渔民劳作抒怀、交流情感的娱乐形式，主要流行在捕鱼比较集中的地区，如河北的秦皇岛，山东的胶东半岛，上海的崇明、宝山，浙江的舟山，福建南部沿海以及广东、广西沿海等地。我国沿海地区几乎都有具备地方特色的渔民号子。据不完全统计，从北至南目前仍存在的就有长海渔民号子（辽宁大连长海）、长岛渔民号子（山东烟台长岛）、吕四渔民号子（江苏南通启东）、舟山渔民号子（浙江舟山）、象山渔民号子（浙江宁波象山）等。其中列入国家级非物质文化遗产的有渤海地域的长岛渔号、长海渔号和东海地域的舟山渔号、象山渔号等（见表 1）。渔号种类繁多，常见的有上网号、竖桅号、摇橹号、捞鱼号等，不同的渔号，曲调、歌词不同，也具有不同的功能。由于自然环境、生活习俗、宗教信仰、民族性格、语言文化等的不同，渔民号子具有鲜明的地方特色和海洋文化特征。

表 1　列入国家级、省级非物质文化遗产名录的渔号

渔 号	所在地区	备 注
长岛渔号	山东烟台长岛	国家级，第二批
舟山渔号	浙江舟山	国家级，第二批
长海渔号	辽宁大连长海	国家级，第三批
象山渔号	浙江宁波象山	国家级，第三批
荣成渔号	山东威海荣成	山东省级
岚山渔号	山东日照岚山	山东省级
吕四渔号	江苏南通启东	江苏省级
弶港渔号	江苏盐城东台	江苏省级
玉环渔号	浙江台州玉环	浙江省级

资料来源：文化部、各省文化厅官方网站。

我国沿海地区的渔民号子，盛行于木帆船时代。古时帆船的动力全靠风力和人力，"船老大"以吆喝、呐喊下达"渔令"指挥生产，逐渐形成以领唱、合唱为主要形式的渔民号子。

（二）渔民号子发展历程

陈龙、贾复等将我国的渔船发展过程划分成四个阶段，分别是海洋渔船的出现、海洋渔船的初步发展时期、木质风帆海洋渔船的形成以及机动海洋渔船的出现与发展时期。[①] 作为渔号发展的载体，渔船的发展承载着渔号的变迁。

渔民号子的发展经历了兴起、繁荣到衰落的整个过程。

1. 发展初期

清朝初期，长岛渔民开始自行设计、建造大帆船，用于出海作业。为协调统一作业，需要渔民齐心协力、密切配合，号令就显得无比重要，这种号令渐渐演变成渔民号子。在清末和民国时期，仅长岛县砣矶岛上的大帆船就达到 300 艘，成为风帆时代中的一支海上劲旅（见图 1）。随着渔业、运输业的迅速发展，渔号也随之在渤海、黄海海域被叫响。

图 1　清末长岛砣矶岛港口（图片来源：长岛县博物馆）

2. 成熟稳定期

清末民初，长岛渔号进入了成熟稳定期。渔民们在渔业生产过程中，

---

① 陈龙、贾复：《远洋拖网渔船的演变发展过程》，《渔业信息与战略》1996 年第 3 期。

积累了更加丰富的生产经验，渔号的种类与调式也逐渐丰富。民国是长岛渔号的鼎盛时期，长岛渔号作为生产的一种号令，涉及北黄海沿岸和整个渤海海域，最远甚至到达今朝鲜、韩国一带的海域。

抗日战争时期，长岛渔业衰落，大风船从 300 多只锐减到 100 多只。新中国成立前，长岛渔号除了发挥协调劳动、促进生产的作用，还在解放战争中屡立新功。1949 年的长山岛解放战斗、1950 年的舟山群岛解放战斗，都有长岛渔民的支前船队，长岛渔号伴随着风帆一路南下。时有歌谣"长山岛人觉悟高，支援解放舟山岛，大瓜篓船坐火车，渔工浩浩荡荡势如潮"（大帆船开到上海后，部分船继续南下，部分船坐上火车去舟山）。1962 年是新中国成立后大帆船数量最多的年份，长岛船只数量达到 70 只。

3. 萧条没落期

《长岛县志》记载，1955 年长岛开始进行渔船机械化改造。到 20 世纪 70 年代，岛上的木帆船不足 10 只。改革开放以后，随着生产力的解放、生产工具和生产方式的更新，机械化作业取代了传统的手工作业，渔号失去了用武之地，加之渔民和愿意学习的传承人不断减少，长岛渔号逐渐进入萧条没落期。

三　渔民号子面临困境的全方位分析

（一）渔民号子面临的困境

2008 年 6 月 14 日，国务院发布第二批国家级非物质文化遗产名录，长岛渔号被列入其中，属于传统音乐（民间音乐）。这是渔民号子历史上具有纪念意义的大事，反映了国家对渔民号子的高度重视，也体现了以长岛县为代表的渔号发源地政府对渔民号子保护传承所做的多年努力。然而，令人惋惜的是，"申遗"成功的渔民号子，并没有因为入选"国字号"而得到应有的保护、传承和发展，恰恰相反，渔民号子面临的处境日益严峻，已经走到了失传的边缘。

1. 老渔民消逝与传承人匮乏

木帆船被淘汰后，渔民号子的作用渐渐在渔民的生产劳动中被淡化，过去有名的号子头、渔号传承人正在老去甚至离世。互联网使岛民有了更多的娱乐选择，对于年轻人而言，其魅力显然大于渔民号子。偶有对渔号感兴趣的爱好者或者想学习渔号的年轻人，由于没有在海上与风浪搏斗的经历，很难体会渔号对于老一辈渔民的意义，更难将渔号原汁原味地唱出来。同时，海岛的居民尤其是青壮年日趋减少，这使本就单薄的渔号传承群体雪上加霜。2015年，长岛渔号唯一的代表性传承人朱大相老人也离世，渔民号子面临着后继乏人的窘境。

2. 岛民不会唱，年轻人不感兴趣

虽然老一辈渔民对渔号怀着特殊的情感，但海岛现有的居民对渔民号子并不知晓。调查显示，有相当一部分人不知道渔民号子，尤其是年轻群体，甚至连岛上的"渔二代""渔三代"都不知道渔民号子的存在，更不能理解渔民号子的真正内涵和历史意义，渔号对他们而言没有实际用处，他们不愿听，也不愿学、不想学，有的甚至觉得渔民号子"老土"，跟不上时代潮流（见图2）。

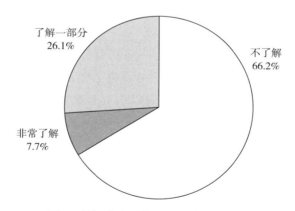

图2　被调查者对渔民号子的了解程度

（二）产生困境的原因

除了渔民号子的艺术形式单一等内在因素以外，外界环境的迅速变化也给渔民号子的生存带来巨大的影响和冲击。

在此引入PEST方法，对长岛渔号所处的环境进行分析。PEST原为一种企业所处宏观环境的分析模型，所谓PEST，即Political（政治）、Economic（经济）、Social（社会）和Technological（科技）。后不断扩展，成为

PESTLEED 方法（政治 Political、经济 Economic、社会文化 Socio-cultural、科技 Technological、法律 Legal、环境 Environmental、教育 Education、人口统计 Demographics）。PEST 方法也由企业延伸到行业、产业、项目等，运用领域非常广泛。

渔民号子的衰落，主要原因是经济的发展改变了渔号原有的生存环境。

1. 经济因素

（1）产业结构与生产方式的转变

城镇化不断推进的同时，经济结构、产业结构也在不断发生变化。旅游业、交通运输业等服务业的发展，让渔村、渔民逐渐放弃了传统的养殖、捕捞等繁重的体力劳动。生产方式的变化，也直接导致了生活方式的转变。因此，虽然仍居住在海岛上，但严格意义上的渔民日益减少。

长岛县长期以来占据绝对优势的第一产业，近年来比重持续下降，第三产业迅速发展，2015 年，长岛县三次产业结构比为 57.8 : 5.9 : 36.3，第三产业发展水平已经接近烟台市甚至山东省的平均水平。

（2）渔号几乎没有经济效益

渔民号子的保护传承与发展，是一项社会公益性的工作，本身没有也不可能产生经济效益，从事渔民号子相关的工作，如表演、宣传等，不会给从业者带来很高的收入，自然也难以引起海岛居民特别是年轻群体的兴趣。

（3）城镇化的发展迅速，渔村日渐消失，渔民骤减

改革开放以来，特别是近年来，长岛县社会经济取得较快发展，城镇化进程也不断推进。传统的渔村、渔镇迅速消失，过去的船行海上变为如今的车行路上，渔民也相应转变成市民，多数渔民已主动或被动地转产转业，不再从事渔业生产或不再进行传统的捕捞、养殖等体力劳作。

特别是从 2005 年到 2015 年，长岛县城镇化率从 42% 提到 51%，有些地方除了少数有意地保护渔村、村落，其他到处是高楼大厦，和陆地上的城市已经基本相同（见图 3）。有海、有船、有渔民，才有渔民号子生存的空间，而目前其生存空间却在日益萎缩。

2. 政治因素

非物质文化遗产的传承，特别是渔民号子，往往受其发源地的限制。渔民号子的发源地是渔业生产的地方，以海岛、半岛居多。海岛远离内陆、

图3 长岛县城对比（海滨路，上：2004 年，下：2015 年）

资源单一、生态环境脆弱等因素，导致其文化的发展受到很大局限。

（1）政策的滞后性

调研中，我们从文化部门了解到，非物质文化遗产名录和其认定的传承人并不是同时公布的。长岛渔民号子，在 2008 年入选国家级非物质文化遗产名录，最具有代表性的传承人朱大相，直到 2015 年去世也没有等到国家级传承人的认定结果。传承人作为渔号的活态载体和传承纽带，在渔民号子的发展中起着十分重要的作用。但是随着时间的流逝，传承人的年龄也越来越大，老人们得不到政策的优惠待遇，其身上承载的文化得不到重视，进而阻碍了渔号的保护、传承，限制了渔民号子的发展。

（2）部门之间缺少协调，沟通联系不够

渔号的保护、传承工作需要政府相关部门的长期协调管理。政府行使的职能在不断增多，随之而来的政府部门也在增多，在协调机制不够健全的情况下，各部门之间缺少沟通联系，协作配合力不够，就容易出现相互牵制的现象，导致政策无法及时跟进，阻碍了保护、传承工作的进程。

3. 社会文化因素

（1）发源地规模小、知名度低

渔民号子的发源地多是海岛、半岛地区，大部分是小而分散的地理单元，远离内陆，交通不便，导致其知名度比较低。

如长岛，由于其地理位置独特，长期以来作为海防前线和军事重地，规模小、人口少，对外开放较晚、程度较低，在国内外的知名度不高，正处于"养在深闺无人识"的状态。在全国 12 个海岛县中，长岛也不占优势。

用谷歌分别检索网页、新闻、学术，发现长岛的各项指标处于中等偏上水平（见表 2，图 4）。旅游业是长岛的支柱产业，而旅游者是海岛文化传播的重要主体，由于知名度较低，长岛的旅游资源优势没有很好地转化为经济、文化优势，渔民号子的受众范围更加狭小。

表 2　全国海岛县检索结果

海岛县	网页搜索结果（个）	新闻搜索结果（个）	学术搜索结果（个）
长海县	743000	7850	2400
长岛县	1740000	26800	1780
崇明县	1710000	17200	10900
定海区	603000	7670	1410
普陀区	693000	14700	3120
岱山县	602000	14700	1690
嵊泗县	578000	12500	940
玉环县	1500000	25400	5590
洞头县	1940000	234000	1290
平潭县	547000	2820	1860
东山县	4850000	46100	2520
南澳县	1430000	13400	655

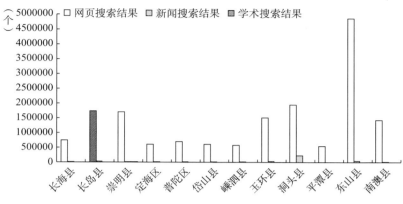

图4 全国海岛县检索结果

（2）人口减少，特别是青少年的减少

人口的减少，使得本就单薄的渔民号子保护传承群体更加匮乏。近年来，受交通、教育、医疗、就业等客观条件的制约，长岛县人口一直呈现外流的趋势，总人口数量不断下降，有的海岛、渔村的青壮年大多外流、迁移，已经呈现"空心化"的趋势（见图5）。

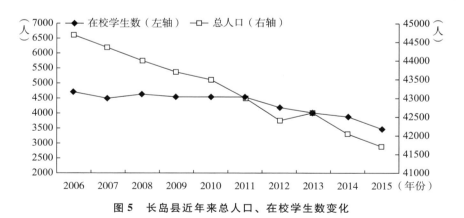

图5 长岛县近年来总人口、在校学生数变化

（3）海岛文化尚未形成品牌效应，外来旅游者对文化关注程度较低

尽管地方政府将当地特色文化特别是"非遗"的保护、传承列到当地发展规划中，但并没有产生品牌效应。加之海岛旅游层次较低，文化资源未得到更有效开发，人们对海岛文化的关注度和了解程度都不够高。

调查中了解到，尽管长岛拥有国家级非物质文化遗产渔民号子和我国北方最早的妈祖文化（长岛）、北庄遗址（长岛）等丰富多彩的人文资源，但多数来岛者的旅游重点仍是自然风光，人文资源的吸引力还不够高（见图 6）。

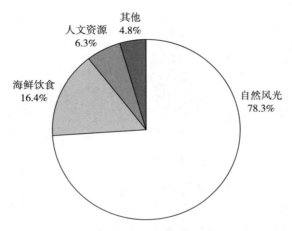

图 6 旅游者对资源的关注程度

近年来，长岛依托富有特色的文化资源，积极进行文化建设，创建"百千万亿"文化品牌，积极培育、打造该品牌，做了大量宣传，并取得了一定的成效。然而，在调查中发现，无论是海岛居民还是来岛游客对"百千万亿"文化品牌都了解甚少（见图 7）。

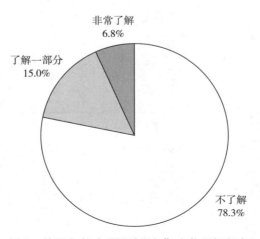

图 7 被调查者对"百千万亿"文化了解程度

（4）逐渐消失的方言

随着经济社会的发展，普通话的普及范围不断扩大，方言的生存空间面临着严峻考验。而渔民号子是用当地方言喊唱的、口口相传的艺术，倘若没有当地方言，就唱不出地道的渔民号子。

在长岛等地的实地调研过程中，发现本地人特别是年轻群体，大多数已经不再说方言，有的甚至听不懂老一辈所说的方言，说明渔民号子已逐渐失去了语言土壤。

4. 科技因素

科技的发展是渔民号子衰落的直接原因。在传统的渔业劳作生产过程中，渔民号子应运而生并逐渐发展。改革开放以后，随着生产力的解放，大马力船、机械船替代了木质船，现代机械捕捞方式替代了传统的渔业手工捕捞作业，原生态渔业生产环境因过度开发遭到破坏；新技术、新工艺、新设备的使用，在提高生产效率的同时，也改变了原生态的渔业生产环境，使渔民号子处于"皮之不存，毛将焉附"的局面（见图8）。

图8 传统木船与现代机械船

四　新时期渔民号子如何传承发展

近年来，以申报国家、地方非物质文化遗产为契机，长岛等沿海地方政府、渔号传承人以及社会各界为保护、传承渔号做了很多工作，也取得了一定的成果。但是，仍然没有从根本上改变渔号所面临的困境。

（一）渔民号子保护、传承的价值和必要性

渔民号子是一曲沾着海风海浪、带着鱼腥气息的闯海之歌，是国家优秀的非物质文化遗产，需要给予专门的保护、传承和发展。

1. 渔民号子在当下的精神内涵

雄壮、高亢、奔放的号子旋律，把一代又一代的渔民在战风斗浪生死搏斗中体现出的乐观团结精神和英雄气概表现得淋漓尽致。新中国成立前，长岛渔号曾在解放战争中伴着战斗的帆船南下，鼓舞士气；在新中国的经济萧条时期，渔号调动了人民群众的劳动积极性，促进了社会生产力的发展；在最艰难的日子里，渔号伴随着人们的生产劳作，支撑了几代人的意志。这种顽强不屈、团结奋斗、踏实勤恳的精神与社会主义核心价值观中敬业、团结的内涵高度契合，与现阶段实现中华民族伟大复兴中国梦的目标也高度吻合。

2. 传统文化发展的需要

传统文化是中华民族五千年文明进程中的智慧结晶和历史积淀，优秀的传统文化是中华文化在新时期创新和发展的重要源泉。渔民号子是海洋历史发展的见证，是宝贵的、具有重要价值的文化资源，是沿海、海岛人民在长期生产实践中创造的优秀文化遗产。渔号的保护和传承工作，是地方海岛文化、海洋文化、传统文化保护和发展工程的重要组成部分。

3. 对其他渔民号子以及其他非物质文化遗产具有借鉴意义

我国沿海以及内陆大江大河等，大多有地方特色的渔民号子、江河号子，长岛渔号面临的问题，其他号子和非物质文化遗产也同样存在。以长岛渔号为案例进行深入分析，探索在现代化进程中的传承、发展之路，对沿海地区其他的渔号以及其他非物质文化遗产的保护、传承也具有积极的启示和借鉴意义。

（二）渔号保护、传承与发展的模式

1. 文化生态保护区模式

文化生态保护区是指在一个特定的区域中，通过采取有效措施，一个非物质文化遗产同与之相关的物质文化遗产互相依存，与人们的生活生产紧密相关，与经济环境、社会环境和谐共处的自然生态环境相关；是文化与自然环境、生产生活方式、经济形式、语言环境、社会组织、意识形态、价值观念等构成的相互作用的完整体系，具有动态性、开放性、整体性的特点。

渔民号子和海岛、渔村、渔业生产、渔民、渔船等息息相关。保护、传承与发展渔民号子，应坚持系统性、全面性的原则，实行区域化的整体保护。按照各地相关规划，根据渔号的发展现状和需要，探索在渔民号子发源地的海岛、渔村等建立文化生态保护区。将渔号和保护区内的大海、渔村、渔家、渔船、渔具等物质载体实现有机结合，将目前单一项目、单一形态的渔号保护模式，转变为多种文化表现形式的综合性保护，将传统呆板的"玻璃罩式"保护转变为灵活生动的"活态"保护。

2. 体验休闲旅游区模式

渔民号子的受众群体除了当地居民，主要是外地旅游者。要想吸引更多的游客，拓展渔号的受众群体，发展体验式、休闲式旅游是一种很好的方式。

体验式旅游强调旅游者的参与性、亲历性。随着旅游消费观念的日益成熟，旅游者对体验的需求日益高涨，他们已不再满足于大众化的旅游产品，而是更渴望追求多元化的旅游经历，体验式旅游就是他们的追求之一。发展长岛的特色旅游业，探索开发"和渔民一起出海、一起捕鱼、一起喊渔号"的旅游新产品，让旅游者最大可能地融入大海，融入渔村，融入渔民，增强民众、游客的参与性。

渔民号子起源于海上，发展于海上，兴盛于海上，衰落于海上。对它保护、传承和发展最有效的方式，也是回到它生长的地方，让渔号重回大海，回到渔村，回到渔船，回到渔民生产生活当中。

3. "互联网 + 渔号"模式

"互联网 + 渔号"是在国家级非物质文化遗产渔民号子保存不完整、传

承和发展难度大的现状下，提出的一种集有效保护、便捷利用和即时共享于一身，相较于以往的保存、保护和发展模式，更具有明显优势的新型解决方案。以"互联网＋"向外辐射，结合网络及手机终端，以网站为主导，加之轻便的 H5 海报、数据信息库、微信小程序、微博和内容更加丰富的手机 App，形成全面的立体覆盖网络。借助互联网吸引年轻群体以适应诸多年龄阶段的人群，扩大受众面，弥补传统保护形式单一、宣传力度小、普及面窄的缺陷，唤醒社会大众对渔民号子的认知，吸引、带动更多的人去保护、传承与发展渔号（见图 9）。

图 9 "互联网＋渔号"保护模式

（三）渔号保护、传承与发展的途径与方法

1. 建立协调联合途径

非物质文化遗产的公益属性，决定了其保护、传承与发展必然由政府牵头，并发挥主导作用。目前大多数地方政府，主管"非遗"工作的都是文化部门。但要真正保护、传承好非物质文化遗产，仅仅靠文化部门显然是远远不够的。政府相关部门比如发改、旅游、教育等部门等也需要相互协调，密切联合，形成合力，齐抓共管。

（1）抢救发掘：建立健全渔民号子的档案资料

《中华人民共和国非物质文化遗产法》规定："认真开展非物质文化遗产普查工作，要将普查摸底作为非物质文化遗产保护的基础性工作来抓，统一部署、有序进行。要运用文字、录音、录像、数字化多媒体等各种方式，对非物质文化遗产进行真实、系统和全面的记录，建立档案和数据库。"

在长岛，过去有名的号子头、渔号传承人正逐渐老去甚至离世，真正能够传承渔号精髓的渔家人越来越少，当前开展传承人抢救性工作刻不容缓。亟须通过数字多媒体等现代信息技术手段，对渔号相关的各种信息、资料等进行普查搜集，全面、系统地记录老人们所掌握的渔号内容和精湛艺术，抓住最后的时间为后人留下珍贵资料。

为此，政府文化部门应高度重视，充分认识这项工作的迫切性与长期性，及时协调、联合有关部门。以项目为立足点，不局限于传承人本人的拍摄，可在渔村社区、企事业单位等地进行广泛调查，搜集资料、口述史访谈、观察式拍摄等，多拍、多记、多留存，抓紧做、提早做，多途径运用社会资源，有序规范地推进项目采集，记录下真实自然的渔号表演，后期整合成系统的档案资料。

政府文化部门牵头，组织渔民号子的收集整理抢救保护工作，鼓励音乐研究者与爱好者收集整理渔民号子的资料，开展学术研讨，发表研究成果，积累丰富的第一手资料。

（2）政府扶持：完善传承人保障机制及相关政策

渔民号子的传承需要口口相传，传承人作为交接过程中的纽带尤为重要，因此对传承人的保障工作十分关键。《中华人民共和国非物质文化遗产法》规定："县级以上人民政府文化主管部门根据需要，支持非物质文化遗产代表性项目的代表性传承人开展传承、传播活动，包括提供必要的传承场所；提供必要的经费资助其开展授徒、传艺、交流等活动；支持其参与社会公益性活动等。"

政府文化部门应组织协调宣传、财政、人社等部门，制定促进经济、文化、教育融合发展的扶持政策和工作措施，争取设立专项经费，对渔号传承人及其徒弟基本生活、承担学校授课工作、外出表演活动等给予经费支持，保障重点项目和活动顺利实施。为传承人营造良好的传承环境，使其全心全意去传承渔号，把传承渔号当成自己的事业。

根据调研中发现的突出问题，我们建议政府认证"非遗"传承人与认定非物质文化遗产能够同步进行。调研过程中发现，"非遗"和传承人的认定工作存在滞后性。长岛渔号、舟山渔号早在 2008 年就被列入国家级非物质文化遗产名录，如今 86 岁高龄的舟山渔号传承人叶宽兴老人（见图 10），家里还一直摆放着国家级传承人的申请表；而长岛渔号的省级传承人朱大相老人直到 2015 年去世，也没有被认定为国家级传承人。为此，建议国家文化部门在评定时，能够考虑非物质文化遗产项目名录、传承人同步实施，及时给予传承人应有的保障，莫让朱大相老人一样的遗憾再次出现。

图 10 访谈舟山渔号代表性传承人叶宽兴

（3）多元共建：与博物馆、图书馆、档案馆合作，建立渔俗展览馆

渔民号子属于非物质文化遗产，缺少传承的物质载体，很难直观生动地呈现。因此，建议渔号主管部门和本地文化部门、博物馆等积极进行交流合作，通过建立渔俗展览馆，将与渔号相关的渔船、渔家民俗、妈祖文化等海洋文化元素整理起来，设立在各个专题展区。比如老照片、影像资料、渔船发展阶段模型等，并给这些展品配以解说；此外，还可以邀请渔民号子表演队来渔俗馆进行表演，吸引更多的游客前来观赏。

（4）传承教育：渔民号子进课堂

非物质文化与现代教育融合发展，是构建中华优秀传统文化传承体系、推动文化传承创新的重要途径。"非遗"主管部门、教育部门要主动沟通、强化合作，开设地方特色艺术教育课程，将渔号相关内容编写进教材，并在当地中小学音乐课中加入民俗实践采风；请有经验的会喊号的渔民教学生喊唱，鼓励和吸收社会传统文化资源和文化主体共同参与，推动渔号"进教材、进课堂、进校园"活动顺利实施，培养学生对民俗文化的兴趣，增强对当地传统文化的自豪感。

"非遗要从娃娃抓起、从学生抓起"，学习借鉴舟山市非物质文化遗产传承人洪国壮的做法，他十年不间断地在定海区海山小学教授学生唱渔民号子，并在教授过程中告诉孩子们以前渔民闯海生活的不易，让学生在学习过程中了解、认识渔号的精神内涵（见图11）。

图11　舟山渔号代表性传承人洪国壮在小学教授渔号

在长岛等地的调研中也发现，大多数人（64.4%）表示愿意让自己的孩子学习渔号，这说明渔号在人们心中还是有一定的重要性，因此更要将渔号传承的课程延续下去，通过鲜活的转化，激活青少年学生对传统文化的敬畏感和文化传承意识。

建议联合各处高职、高等院校的旅游专业或艺术院校，建立传承教学基地，探索开设"渔民号子"民间音乐艺术选修课，聘请渔民号子表演者去学校为学生和老师展示原汁原味的民间艺术，使大学生充分了解渔民号子的艺术表演形式；同时，在传承教学基地中设立教学组、传承组、创新组、宣传推广组等（见图 12），相关专业的老师和学生探索渔民号子在舞台表演形式上的创新，比如艺术学院的学生对渔号的曲谱、舞蹈动作、舞台效果进行设计创新，信息技术学院的学生制作舞台的整体效果，文学院的学生进行填词创新，等等，培育在校学生创意创造创新意识。当代青年应该担起传承非物质文化遗产的重担，做传承的先行者。

图 12 "非遗"传承基地

（5）宣传推广：渔民号子加入旅游项目

长岛渔号的发源地位于风景秀美的长岛，古朴厚重的黑山乡海草房、传承百年的海上劳作方式和渔家饮食文化等，都是长岛百年渔俗的"代表作"，在全国乃至世界都具有特殊的文化地位和开发价值。而渔民号子，为当地旅游的发展注入了深厚的文化内涵。

长岛每年都会接纳大量的游客，出入长岛、游览岛屿都需要乘坐客船，在船上放映长岛渔号或渔俗文化的相关视频等，让游客在旅途中对渔民号子有初步的认识和了解。文化主管部门可以和旅游部门合作，在景点附近的广场安排演出活动，让游客现场感受渔号的魅力。长岛的渔家乐经营者，也可以在经营中播放渔号的影像资料、张贴海报等，在宣传的同时也营造了渔俗文化的氛围，既吸引了游客，又让游客成为长岛渔号的活态宣传。

（6）交流互鉴：建立全国渔号联盟

以具有代表性的长岛渔号、舟山渔号、象山渔号、长海渔号等为发起者，牵头组建"渔民号子联盟"，共同探索保护、传承的路径与方法，更好地开发、策划、管理与渔号有关的相关比赛、会议、旅游项目、衍生产品等。同时通过组织渔歌渔号的比赛、会议等，让不同地域的渔民号子彼此学习、相互借鉴。各地渔民号子承载着独具特色的本土文化，渔民在用渔号表达感情的同时，也在表现着各地方的独特风采。

在组织相关会议、比赛的同时，采取相关手段加强宣传力和影响力。例如，进行现场直播、鼓励各地渔号相关产品的销售商来到现场等，将渔歌渔号比赛做成一个沟通、交流的平台，一个盛大的渔号集会。

2. 开拓市场途径

《中华人民共和国非物质文化遗产保护法》规定："国家鼓励和支持发挥非物质文化遗产资源的特殊优势，在有效保护的基础上，合理利用非物质文化遗产代表性项目开发具有地方、民族特色和市场潜力的文化产品和文化服务。"在保护、传承非物质文化遗产的过程中，资金短缺是困扰传承人和当地政府的一个难题，寻找渔民号子的盈利空间、提高经济效益成为一个亟须解决的问题。

（1）海岛记忆：设计开发渔家特色旅游纪念品

渔号可以借助渔家特色旅游纪念品来宣传。旅游纪念品是一个城市的名片，利用好这张名片，让曾经萦绕在这座城市的渔民号子也"印"在这张名片上。让游客在旅游过程中购买精巧便携、富有渔家地域特色和民族特色的纪念品，将渔民号子以动态画面、音乐贺卡等形式融合在里面，增加渔民号子与游客的接触机会，以达到宣传的目的。

"海岛行"团队已为长岛渔号设计了一些手提袋、明信片等纪念品，添加海鸥、渔船等海洋元素，团队设计开发的 H5 海报二维码也附在上面，游客扫一扫即可了解长岛渔民号子的相关内容（见图13）。

图13　"海岛行"团队设计的长岛渔号手提袋、明信片样品

（2）捆绑"非遗"："近亲""非遗"结合，走上表演舞台

渔民号子在机械化的今天失去了劳动价值，要将其传承、保护，可以发掘它的经济价值。渔号本身就是一种艺术形式，因此可以组织渔民号子表演团体，通过表演活动获取一定收益。一个很好的做法是，舟山渔号区级传承人洪国壮组建的"舟山风"渔民号子队，勇于探索创新，将同为国家级非物质文化遗产的舟山锣鼓（见图 14）跟渔号结合在一块，通过新的节目内容吸引观众。一方面，渔民号子慷慨激昂、雄壮有力的现场表演可引起观众的共鸣，让观众现场感受渔民号子的舞台魅力，体会到渔民与风浪抗争时的拼搏精神。另一方面，扬帆即远航，是希望也是期盼。这种富有寓意的形式可以用在开业典礼、开学典礼等场合。当渔民喊着嘹亮的号子，拉起一帆风顺的大帆时，预示着即将开始的事情，将是一帆风顺、万里远航。

图 14 非物质文化遗产锣鼓、渔民号子

（3）"特色"渔家：增加渔俗文化元素

当今的渔家乐提供的大都是千篇一律的食宿服务，缺少渔家应有的特色，游客来到渔家乐，想体验的就是渔家生活和渔俗文化的点点滴滴。在建设渔家乐中，将渔家原貌、生活节奏、习惯尽量保留。渔号等渔俗文化就是在生活的点点滴滴中产生的，让游客体验渔家生活，了解渔号的诞生，理解渔号对渔民的意义。渔民号子没有物质载体，在渔家乐中可以采用视频、表演等传播。在渔家庭院中设计小剧场，排练舞台剧，还原最真实的渔民生活。借此吸引游客驻足，既增加了营业额，又宣传了渔号。

（4）给渔号生存空间：建立渔家特色小镇

渔号面临的困境之一就是失去了生存环境：曾经的木帆船、海草房都随着时代的发展被淘汰，渔民不再出海打鱼，不再掌篷摇橹。在长岛的一

些海岛，可以划定专门的区域，对渔家建筑、渔港、渔船等进行修复和保护，让居民"过上"原始的出海打鱼"生活"，让游客可以看到一个最接近原生态渔村的特色小镇，游客可以一起出海打鱼。在这个过程中融入渔民号子等当地特色，让外来游客体验当地民俗民风，感受当地文化底蕴，也能起到当地文化品牌宣传的作用。

3. 建立参与途径

传承非物质文化遗产，并非将其束之高阁，而是让它更加"接地气"，贴近人民群众的生活，将传承人、居民、游客等融入传承队伍，让传承人收获成就感，居民得到自豪感，游客获得体验感。现在的渔家乐大多提供的只是食宿服务，很难使游客深刻体验当地的民风民俗。渔民号子作为海岛文化的重要组成部分，可以开发成休闲体验类项目，让游客和传承人都参与其中，这样既能够使游客深层次感受渔号的魅力，又能够获取一定的经济效益。

（1）全民参与：为传承队伍注入新鲜血液

在非物质文化遗产保护传承过程中，年轻群体扮演着非常重要的角色。随着时间的流逝，渔民号子的传承人相继作古，为了保险起见，各地政府也限制老人外出表演，渔号得不到持续发展，传承工作举步维艰。因此，必须发出号召，通过大力宣传来唤起全民保护意识，可以吸引年轻人加入，发挥年轻人敢于挑战、勇于创新的精神，为渔号注入新鲜血液。

当下真人秀综艺节目盛行，类似《奔跑吧》等都通过节目宣扬团结协作、不畏艰苦、勇往直前的团队精神，然而大多数年轻人不了解木帆船时代渔民是如何出海打鱼的。当地旅游景点可以在节目中加入渔民号子的元素，将出海打鱼过程中的特殊环节进行改造，设计成关卡融入休闲娱乐项目中。例如拉网（撒网逮捕后收网的一个环节），"船老大"用渔号指挥着"船员"一起协作，在听号子、喊号子、发力的过程中，体会团队合作所带来的成就感，展现渔民号子"顽强不屈、团结奋斗、踏实勤恳"的精神。这样既达到了节目效果，也借助媒体力量与明星效应宣传推广了渔家民俗文化，吸引更多年轻人来关注、了解渔号。

（2）"掌篷摇橹"："游客变渔民"的新体验

生产工具的创新与发展使得大帆船不再是渔民赖以生存的海上工具，渔号也失去了在大海里拼搏的传承载体。当年众人齐心战胜风浪的情景无法重现，我们也无法体会渔号在渔业劳动中所发挥的特殊作用与傲人风采。但在今天，渔号作为一种旅游品牌，通过合理开发仍然可以为当地带来经济收益。

在长岛各景区我们发现，除了一些自然条件比较好的景区外，大部分景区和国内其他地区没有太大差距，游乐设施、海滩景观、海上游玩项目吸引力不够。实地调研发现，很多游客表示更愿意（65.2%）去深入体验淳朴的渔家特色文化和海上项目。

建议当地景区建立渔号体验中心，制作仿古帆船等旅游设施增加游客的体验项目。比如利用长岛著名的"大瓜篓"古船，让游客登船亲身接触，体验在船上的不同感受。安排经验丰富的渔民做指导，组成船队与游客一起出海，在帆船上摇橹、喊号（见图 15）。同时也要完善保护措施，"船长"们必须经过严格的海上培训，具备一定的指挥能力和较强的安全意识。游客在娱乐中体会渔号振奋人心、激昂豪迈的精神，将渔号潜移默化地在实践中传承。

图 15　游客体验出海打鱼

4. 探索创新途径

（1）传承创新：鼓励渔号传承人开拓渔号新形式

对于老祖宗流传下来的东西，既要精心保护传承，又要不断改革创新，做到古为今用，推陈出新。渔号失去了传承土壤，表演形式单一，使得传承变得更加困难。所以我们不得不去思考、探索渔号的传承如何与时俱进，如何创新。政府有关部门、社会各界应该多鼓励、支持传承人进行突破与创新，跟上时代的脚步，让渔号在保持原生态的前提下，融入新时代元素，实现和其他艺术形式的有机结合，拓展渔号的生存空间，释放其生命力。

渔民号子的传承、保护，探讨将其加入舞蹈表演、情景剧中，融合渔俗文化的其他元素，以新形式呈现在大众面前。如《叮咯咙咚呛》第二季里尚雯婕一曲法语《渔鼓道情》，用"旧瓶装新酒"的方式，很好地将传统民歌传递给世界。渔号可以借鉴利用这种传统和现代相结合的方式，展示在新时代、新思维下的传承，推动观众群体向年轻化发展，让传统文化得以延续。

（2）塑造形象：增强故事性，利用媒体介质宣传渔号

媒体是指人用来传递信息与获取信息的工具、渠道，是现代人生活中必不可少的一部分。渔号的宣传也可借助电视、网络等媒体，让更多人从文字和影像里了解渔民号子。政府鼓励社会各界参与，拍摄有关渔民号子的纪录片、专题片、故事片等，如《走遍中国》纪录片长岛篇《长岛渔号》。同时号召渔俗文化爱好者、民间艺人等，设计、编写有关渔民、渔号的故事，排成舞台剧、情景剧，或以电视剧、电影等大众喜闻乐见的形式，生动形象地展示渔民号子。

在实地调研中，当我们问及是否看过张艺谋的《印象·系列》，很多人听过或看过，当被问及渔民号子有类似表演是否有兴趣观看时，相当一部分人是很乐意观看的（见图16）。这说明渔号表演的市场空间是比较广阔的。

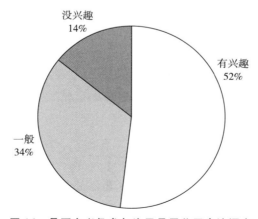

图16　是否有兴趣参与渔民号子公开表演调查

（3）载体创新：借助新兴技术传承、发展

渔号非物质文化遗产的保护、传承，面临的最现实的问题就是缺少传

承载体。渔号受地域所限，赖以生存的渔业环境在其他地区往往难以复制，因此想要扩大传播和活态传承的范围困难重重。曾经的口口相传、一呼群应，都随着木帆船的退出而慢慢消失。我们不可能要求所有想听、想学、想研究、想体验渔号的人都来到长岛，更不可能让他们都参与到渔业劳动生产中去。那些木帆船在海上驰骋、渔民们团结一心、共同抗力风浪的场景仅存留在老渔民的回忆中。

　　VR 和 AR 技术在一定程度上可以解决这些问题。VR 技术可以创造出360 度的 3D 虚拟世界（见图 17），木帆船的一桨一橹，大海的一鱼一虾，都能在虚拟情景里再现。利用 VR 技术拍摄的打鱼视频，让游客回到木帆船时代，从时间和空间上给人身临其境地进入木帆船、老渔港、波涛汹涌的海面等场景的感觉，产生瞬间穿越时空的震撼感，"亲身"参与出海打鱼，体验与风浪斗争，与老一辈渔民一起掌帆摇橹、撒网捕鱼、喊唱渔号，众人团结一致，一起冲破海浪的阻碍。渔号也可以利用 VR 带给人的新鲜感把组织的比赛、游戏等活动推广出去，不仅使渔号更好地走进人们的生活，还可以取得可观的经济利益。

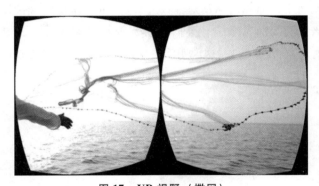

图 17　VR 视野（撒网）

　　（4）"互联网 +"：让渔号"上网"

　　①给年轻人的海报：H5

　　H5 海报，是指一种使用 html5 程序语言制作的网页，目前网上有一些这种类型页面的在线制作工具。H5 海报是一种动态宣传的工具，把它和微信二维码结合在一起，只要有手机，扫一扫就能了解到关于渔民号子的更多内容（见图 18）。

图 18　"海岛行"团队设计的 H5 海报（左：二维码；右：海报示例）

②"触手可及"的 App：微信小程序

小程序是一种不需要下载安装即可使用的应用，它实现了应用"触手可及"的梦想，用户扫一扫或者搜一下即可打开应用，也体现了"用完即走"的理念，用户不用顾及因安装太多应用浪费手机内存的问题。

可以在车站、码头、景点等公共设施，张贴小程序的二维码及简介，同时通过线上 PC 导航站（旅游网、政府官网等）、移动介质（微信群分享等）以及关键词搜索等途径获取小程序的二维码。通过微信小程序将旅游中的交通、景区、渔家乐等方面进行宣传推广、资源整合（见图 19）。

③渔号科普：建立全国渔号网站

建立渔号网站，除了系统介绍长岛的渔号，还广泛搜集全国各地的渔号，对各地渔号进行介绍，加入有关渔号的视频、音频等，让更多人直观地了解渔号。

④渔号网盘：建立渔民号子数据库

利用最新的数字化技术将渔民号子信息库数字化结合开放性传承模式，以此达到保护和传承非物质文化遗产的目的，推动非物质文化遗产保护的数字化进程。数据库建设包含长岛渔民号子所涉及的音像和图文等内容，包括传承人、曲谱、歌词、相关内容介绍和新闻信息。

图 19　"海岛行"团队设计开发的微信小程序

中国海洋社会学研究

2018 年卷　总第 6 期

第 183～204 页

© SSAP, 2018

从力量凝聚到视觉传承：海洋实践
视角下的长岛渔号

王宇萌*

摘　要： 以大风船为载体而传唱的长岛渔号是长岛地区渔民传统渔业生产和生活方式的产物，是其海洋实践活动的产物。在掌帆摇橹的风帆时代，生产工具和生产方式都较为落后，海岛人民在日常出海捕捞活动中创造了独特的海洋渔号，拥有浓郁的生活气息、原生态的风格、独领众合的喊唱形式及独特的价值。随着渔业生产力和生产机械化水平的不断提高，海洋渔业生产生活方式发生了由大风船到机帆船的转变，长岛渔号在表现形式、传承方式、地域空间等方面发生了转变，逐渐演变为汇聚一方百姓之心的文化符号，成为一种隐形但强大的文化纽带。但其传承却面临严峻考验，如渔号传承人年纪大、现有乐谱与现实渔号有所差距等。当代长岛渔号的发展，应结合其特定主客观环境与条件，协调政府、民间和市场之间的关系，在不断适应时代变迁的发展要求下，更好地实现其保护与传承。

关键词： 长岛渔号　力量凝聚　视觉化

海洋渔号是渔民在海上劳动时所需用到的号令，可以协调动作、统一力量、汇聚人心、调节精神，为从事海洋实践活动的人们提供力量源泉，

---

* 王宇萌，中国海洋大学法政学院社会学研究所硕士研究生，主要研究方向为海洋社会学。

使其能够高效地进行海上捕捞工作，涉及海洋捕捞过程中的各类行动。海洋渔号也是与涉海渔民物质生产和精神生活共生的民间音乐，它源于海洋渔业作业，有着极其鲜明的海洋文化特征。我国海域辽阔，由于时代、地域不同，北方海域的渔家号子多粗犷豪爽，而南方海域的渔家号子则比较舒缓抒情。① 长岛渔号作为典型的北方海域渔号，伴随着长岛地区渔民的海洋渔业劳动而产生，在世代闯海人的出海打鱼生涯中不断发展并传承。长岛地区岛屿众多，海岸线蜿蜒百余里，优良的海洋生态条件和丰富的海洋生物资源使海洋成了长岛人民赖以生存之基，他们世代以捕鱼活动为主，繁衍生息。渔民在向海洋讨生存的过程中，由于自然条件的不确定性，往往蕴含着未知的风险，需要用集体的智慧和力量去面对。正是这种恶劣、苛刻的自然条件，为海洋号子的产生和发展培育了土壤。长岛渔号是以大风船为客观载体、以长岛渔民群体为主体而喊唱的海洋渔号，在渔民进行上网、摇橹、扬帆等生产活动时所使用，众人跟随着大风船上渔号头喊唱渔号的内容、口令与节奏等，有效地统一了力量、协调了节奏、提高了渔业生产活动的效率，在以传统渔业生产活动为主的时期世代喊唱。机帆船的出现使大风船退出了历史，却实现了长岛渔号从"船承"到"传承"的转变。

一 海洋实践孕育下的长岛渔号

（一） 因船而生的渔民号子

长岛渔号是流传在山东省烟台市长岛地区的海洋渔家号子，长岛县是山东省唯一的海岛县，被称为庙岛群岛，亦称为长山列岛，纵贯渤海海峡，位于黄海和渤海的交界地带。渔民号子是千百年来渔民在闯海打鱼的各项劳动中逐步形成的一种伴随劳动的咏唱，世世代代生活在庙岛群岛上的渔家人闯海斗浪，渔家号子是其"生命进行曲"。② 位于长山列岛中部的砣矶岛是旧时长岛地区居民最多的一个岛，长岛渔号便发源于此，该岛岛岸线

---

① 郭洋溪、侯德彤、李培亮：《胶东半岛海洋文明简史》，中国社会科学出版社，2011，第270 页。
② 《中国海洋文化》编委会：《中国海洋文化·山东卷》，海洋出版社，2016，第 247 页。

长 17.68 公里，拥有丰富的海洋生物资源和优良的海域生态环境。"靠山吃山，靠海吃海"，长岛人民基于独特的自然地理位置和天然海洋资源，世代以出海打鱼为业，一代又一代的"闯海人"围绕海洋实践活动形成其生产和生活方式，也孕育出长岛渔号这种独具特色的渔民劳动号子。

长岛渔号距今已有 300 多年的历史，是伴随着砣矶岛上大风船①的出现而产生的。砣矶岛土质硗薄，淡水奇缺，历来以渔业为主。清朝初期，渔民便应势设计并且建造了许多大风船用于出海作业，并形成规模。时至清末民初，随着渔场拓宽，渔具更新，建造的大风船达 300 只，成为风帆时代的一支海上劲旅。② 在长岛渔号传唱人的座谈会③中，他们表示："过去，岛上的大风船数量很多，一个村至少得有 10 条船，而后口村和磨石嘴村的船又最多，整个岛约有 300 条船。"一只大风船上一般需要 18 人来操作，有风时掌篷凭借自然风力扬帆前进，无风时摇橹凭借人工力量行进，需要耗费大量的人力，所以海上捕捞的劳动强度很大，加之恶劣且不确定的天气等自然条件，过去渔民出海，没有海上预报和通信工具，船靠风帆和人力行驶，全凭海上的经验，经常与狂风恶浪搏斗，风险性很大，所以民间流传着"宁到南山去当驴，不到北海来打鱼"的说法，足以体现渔民生活的艰辛与风险。此外，《长岛渔家》记载：清末民初，"大瓜篓"曾远到朝鲜打青鱼，时有"迎春开花，打柞回家"（即回来时捎一船柞木）之遥。长岛的大风船能去朝鲜打鱼，足以证明当时大风船已形成规模。这些大风船带着子船，经年活跃在烟台、威海以及渤海湾和辽东湾一带渔场。由于船大且人多，劳动强度不断增大，便需要一种具有权威性的号令来协调动作，统一步调，指挥并促进生产。于是，以吆喝、呐喊为主要语言，领合分明、具有音乐美的"长岛渔号"便应运而生。这种粗犷豪放、原汁原味的劳动之歌，直接转化为生产力，并传遍

---

① 引自长岛县教育文化体育局编著的《长岛县非物质文化遗产概括》。大风船，亦称"大瓜篓"，是以风力和摇橹为动力的大型木船，载重多为 20～50 吨。大风船为平底，造船技艺流程纯是手工操作，船体较大，平稳性好，续航能力强，常以母船带子船为作业方式。
② 引自《国家级非物质文化遗产名录项目申报书（长岛渔号）》，长岛县教育文化体育局。
③ 座谈会于 2017 年 6 月在长岛举办，座谈会成员包括：国家级非物质文化遗产"长岛渔号"代表性传承人吴忠东，他于 2013 年 11 月被评为第三批市级非物质文化代表性传承人；国家级非物质文化遗产"长岛渔号"代表性传承人王仁相，他于 2015 年 11 月被评为第四批市级非物质文化代表性传承人；长岛渔号表演队成员孙长根和刘玉湖。

整个渤海和北黄海沿岸。① 捕鱼活动有着较为复杂的过程，从整网到出海捕鱼，再到返航，要经过十多个环节，而几乎每个环节都需要大家齐心协力、步调一致才能完成。在长期的渔业劳作中，渔民为了凝心聚力，团结协作，逐渐形成了号头领、众人和，以"哎、嘿、呦、哇、嗨"等虚词为内容的呐喊，这就是初期的渔号。② "长岛渔号"的鼎盛期是在民国，渔号从渤海叫到黄海，直至朝鲜和日本，现在胶东和辽东沿海地区流传的部分渔号仍有"长岛渔号"的影子。③ 在不同的劳动场景中，由于劳动力度和节奏不同，心情和氛围不同，相应的劳动环节有相应的号子加以配合④，便形成了丰富多样的海洋渔号。

（二）"海味"浓郁的长岛渔号

据《长岛县志》记载，长岛渔号分为上网号、摇橹号、掌篷号、捞鱼号、巴号和竖大桅号六种。其一，上网号又称取网号、抽网号、拔网号，是上网、起网时专用的号子。上网是指每年春季首次出海前往船上上网，网既长又重，每人持有一部分，摆成一条龙，将几十或几百杆子长的网送上船，边上网边喊号子；而起网是指在海上生产中把灌满鱼虾的网拔上来，这就要用号子来指挥众人统一行动以齐心合力。因此，上网号一开始时节奏平稳缓和，后来节奏逐渐加快并反复重复，亦反映出渔民在取网时看到满网鱼虾的激动心情，需使劲拖拽沉甸甸的渔网。其二，摇橹号是旧时渔民在海上生产时，无风时摇橹以使大风船行进，大橹近两丈长，摇动起来很费力，尤其是当发现鱼群时，渔民都争相下网，四人、六人或八人同摇一张大橹，喊着号子，奋力前进，因此摇橹号的节奏感很强，表现了渔民看到鱼群时急切的心理和欢快的情绪。其三，掌篷号是将帆撑起来时所用的渔号，篷又沉又大，故其曲调苍劲浑厚、挺拔有力。其四，捞鱼号是捞鱼时所唱的号子，曲调简练、欢快、活泼、跳跃，易于上口，轻松愉快，表现了渔民丰收时的喜悦心情。其五，巴号又称挺巴号、号子巴、夯子巴、

① 俞祖华、周霞、王鹏飞：《璀璨明珠：烟台市非物质文化遗产概览》，山东大学出版社，2012，第 103 页。
② 曲建鹏：《长岛渔号》，《走向世界》2017 年第 18 期，第 38 ~41 页。
③ 石其鹏、李琨：《长岛渔号，一首古老不息的歌谣》，《走向世界》2014 年第 48 期，第 82 ~85 页。
④ 李群主：《齐鲁非物质文化遗产丛书·传统音乐》，山东友谊出版社，2008，第 51 页。

发财号，旋律平稳缓和，悠扬委婉，悦耳动听，是渔民丰收而归时所唱的号子。其六，竖大桅号是将大风船上的桅杆竖起时所用的号子，其节奏主要由号头据情掌握。

在长岛申报国家级非物质文化遗产名录的项目申报书上，长岛渔号在以上基础上进行了修正，分为上网号、竖桅号、摇橹号、掌篷号、发财号，还包括拾锚号、拉船号、捞鱼号等。在每年的清明前后，岛上渔民在出海前要举行"打头网"仪式，祈求丰收，热闹之后，渔民们便持托网具将其送到船上，会喊起上网号。在人力竖桅时候，渔民们会喊竖桅号，便能将其牢固地竖在船上。在海上风平浪静、万顷碧波的时候，不能借助风帆之力，渔民们便在摇橹号的陪伴下，摇起大橹推动船只行进，尤其在"抢风头，赶风尾"之际，他们便以急切的心情、强烈的节奏、抖擞的精神，破浪前进，迅速赶到渔场，以达"赶上大鱼群，伸手捞白银"的目的。在大风船可以利用海上风力前行时，渔民便利用掌篷号将篷帆渐渐升起，待其掌到一定高度，号头便以慢速施令，待其到顶端，便出现了一个无限延长号，进一步号召渔民要集中力量，一气呵成，待大篷掌到桅顶，便以一个缓和慢速的乐句收尾，将缆绳拴好。由此，渔民使得大风船凭借篷帆借用风力，迅速行进，同时也减轻了自身的体力劳动。在渔民们满载而归之时，发财号便与之相随，轻漫悠扬，柔中有刚，往往不用领号，众渔民自发喊唱，即兴唱词，此刻的号子有极大的自由性，领、合都顺其自然，发挥着逗乐、调节精神的作用。

（三）原汁原味的闯海之歌

1. 原生态风格

"长岛渔号"没有任何乐器伴奏，其号词简单，语调粗犷、豪放、坚定、有力，是团结一心的劳动之歌，是向困难和灾难发出的挑战宣言。它在节奏和速度上的变化对每个劳动环节均起到了关键的作用，在生产工具落后、生产力低下的年代，具有鲜明的时代特色。渔号鼓舞人心，增强斗志，化精神为力量，一代代传承，成为海洋民俗文化的一大亮点。[①] "长岛渔号"在音乐体裁上的划分可以说是最早的说唱艺术，有说有唱，脚步、

---

① 高洁：《山东长岛渔号研究》，硕士学位论文，山东师范大学，2011，第41～42页。

动作对劳动的依附性强，始终是通过吆喝、呐喊、喊唱来实现艺术上的特征，渔号喊起来粗味、野味、原味浓重，是一曲海上的"信天游"。① 所有的渔号，基本无唱词，而以"虚"字为主，个别有唱词的地方，也反映不出完整的内容。

"长岛渔号"作为长岛特有的民间歌曲，它是用长岛方言来喊唱的。这些歌曲充满了浓厚的乡土气息，体现了民间百姓的喜怒哀乐，从地域方言与社会关系互为建构的关系看，"长岛渔号"的语言中不仅记载了渔民外在捕鱼劳动的生活场景，也隐藏着他们坚韧不拔的内心世界。在长岛方言中，喊话的尾音如"使（sǐ）得（de）劲（jìn）儿（er）"，大都用下滑的音调，表示一种语气的宣泄，而在喊话的开始处如谱例中的"大（dà）伙（huǒ）儿（er）"，因为这句属召唤性的语意，所以体现在语调上便用了上扬的音调，可见长岛方言具有粗犷、简朴的特点。② 渔号以长岛地区土话为主，通过吆喝、呐喊及各种语气词来抒发情感，统一节奏，其世代传承也是基于此，保留了原生态的喊唱方式，原汁原味，具有海洋特色，沾着海风海浪，带着鱼腥气息，唱者果敢有力，听者亦被其所震撼。

2. 独领众合

"长岛渔号"的演唱形式是独领众合，领唱渔号的人被称为"号头"，是经验丰富的闯海者。一般来讲，一条船上有 1～2 个领号的人，为船主所雇用，不仅需要领号，还会跟着船上的伙计一起劳作。长岛渔号传唱人座谈会中的成员表示："谁的嗓声洪亮，喊声气力足，就会被自然默认为号头，号头喊完，其他人不是重复他喊的，而是呼、应、叠置甚至是综合性的回应，长年累月，大家便都默认成习了。"由于大风船作业时间长，距离家门渔场远，自然条件变化大，因此在劳动体力强的生产环境中，简短的、声势弱的叫号，满足不了生产的需要。人们要战胜风浪，完成重体力劳动，自然而然形成了领号叫唱、众号合唱的形式。通过一领一合，统一步调，协调动作，把劳力用到一个点上。领号，有轻有重，有长有短，或间歇，或急促，与劳动相吻合；合号，视渔令为军令，应合的句头紧咬着领号的

① 杨静：《山东"长岛渔号"音乐特征及演唱风格研究》，硕士学位论文，湖南师范大学，2013，第 43～44 页。
② 杨静：《山东"长岛渔号"音乐特征及演唱风格研究》，硕士学位论文，湖南师范大学，2013，第 36～38 页。

句尾，严格地配合领号的腔调、情绪，合得及时，答得协调。① 如此一来，号头领号，众人回应，在喊号子的过程中，便领悟了力量的收发之节点，并得以协调展开海上作业。但在有些情况下，号子也是由渔民随机唱的，比如渔民在丰收后回家时所唱的号子，不仅有语气词，还有歌词，表达其高兴的心情；再比如《捞鱼号子》，表现了渔民在渔业丰收时的好心情。但总体而言，渔号的喊唱还是会根据号头当时的喊法和语气等来进行。

3. 价值独特

在战胜风浪、获取丰收、挑战死神的风帆时代，"长岛渔号"充分显示了渔民同舟共济、征服自然的大无畏精神。追溯到生产工具落后、生产力低下的岁月，质朴简单的渔号有着鲜明的时代特色。在风帆时代已成为历史的今天，发掘、抢救和保护"长岛渔号"这一非物质文化遗产，对弘扬海洋文化，传承渔民美德，丰富人们的文化生活，促进旅游的发展，将会起到积极的推动作用。② "长岛渔号"作为海洋民俗文化中的一个重要组成部分，具有重要的历史、文化、民俗价值。

其一，"长岛渔号"在各个历史时期都发挥了重大的作用，具有特定的历史价值。1949 年，砣矶岛部分大风船参加了解放长山岛战役，1950 年，长岛组织了支援解放舟山群岛的支前活动。"长岛渔号"伴随着大风船一起南下，为我军渡海作战立下了汗马功劳，表现了崇尚团结、崇尚集体、不畏艰险的强大群体力量，充分显示出渔民同舟共济、征服自然的大无畏精神。其二，在机帆船时代，挖掘、抢救、保护这一海洋民俗文化遗产，对于继承前人不屈不挠的闯海传统，彰显同舟共济的团队精神，有重要意义。其三，"长岛渔号"是渔民们祖祖辈辈天才的艺术创造，它可以让我们形象地看到渔民们当时的生活方式和生存状态，以及他们的感情和思想。"成套"的渔民号子是祖先海上作业的过程和方式的真实写照，它们见证了长岛世世代代的渔业发展，是研究胶东沿海早期海上劳作方式的宝贵参考资料。③ 因此，"长岛渔号"和渔民的生产生活紧密相关，其抒情性也都与独特的民俗活动相关，具有独特的民俗价值。

---

① 曲建鹏：《长岛渔号》，《走向世界》2017 年第 18 期，第 38～41 页。
② 高洁：《山东长岛渔号研究》，硕士学位论文，山东师范大学，2011，第 26 页。
③ 俞祖华、周霞、王鹏飞：《璀璨明珠：烟台市非物质文化遗产概览》，山东大学出版社，2012，第 111 页。

二　风帆时代的闯海渔令

长岛世代的渔民群体都使用大风船去出海捕捞，以大风船为主要生产工具的时期也被当地人称为大风船时代或风帆时代。在以传统渔业生产方式为主的风帆时代，"长岛渔号"在长岛渔民的日常渔业生产活动中占据着非常重要的地位，指挥和协调着全体渔业生产人员的工作节奏，统一和把控着全体渔业生产人员的力量。渔号与生产紧密结合在一起，为长岛渔民群体带来了生存希望，是对闯海人一次次无惧自然风险的见证与记录，更是每一个闯海人的生命之歌。

（一）凝聚力量以前行

"长岛渔号"，是一曲原汁原味，沾着海风海浪，带着鱼腥气息的闯海之歌，在海洋民俗文化中独树一帜。渔号一旦叫起来，能令"多心眼"想到一起，令"八股绳"拧到一块，尤其在险情当头、时间紧迫和重负荷压顶的情况下，产生以一顶十的降龙伏虎之威。①据《长岛县志》记载，20世纪 30 年代，砣矶岛后口村有只"大瓜篓"（船名）在烟台港站锚（抛锚），适逢有只天津的"大改翘"（船名）掌篷出海，时值雨后，篷缥湿涩，他们费了九牛二虎之力，也没有把篷掌起来。砣矶岛上有个姓王的号头，绰号"小鬼奶奶"即刻带领伙计们走上前去，拉起大缥，喊起了"掌篷号"，伙伴们协调一致，力举千钧，硬是把沉重的篷帆叫了起来，在港的渔民赞不绝口，无不钦佩。"过去，特别是在冬天，有时候工具等都会被冻得结冰，一个人根本就拔不动，所以大家就一起喊号子，集中力量以便劳动。"②"长岛渔号"可以有效地凝聚力量，在渔民出海捕捞这种集体行动中发挥着实效作用。

渔家号子在渔民战天斗海中能给予其力量。渔家号子是长岛渔家人闯海斗浪的"生命进行曲"。渔民的闯海之路从来就不是一帆风顺的，不仅要适应海洋，而且要征服海洋，劳动的力度愈大，气氛愈紧张，愈需要强烈

---

① 高洁：《山东长岛渔号研究》，硕士学位论文，山东师范大学，2011，第 3 页。
② 2017 年 6 月长岛渔号传唱人访谈资料。

的行动节奏，统一全船人的意志。① "渔民旧时都是跟着大风船出海打鱼，面对不确定的自然条件，每一个行动都关系着生命，都必须得贡献出力量，喊渔号有助于力量的迸发，也可以改善大家的心情。"② 在大风船时代，出海的渔民全靠经验，通过观察天气（如太阳、风等）来判断行船，因此渔号与其生活紧密相关，关系着个人的生命安危。据《长岛县志》记载，在 1946 年农历三月十六上午八时许，一场飓风骤起，风力约为 11 级，岛内渔民在大竹山岛附近渔场作业，隍城和砣矶两岛就翻船 122 只，损坏渔船 67 只，死亡渔民 128 名；1949 年 7 月 26 日，集结在蓬莱刘家旺待命支援解放长山岛的岛内 132 只帆船遭受百年罕见的 12 级强台风的袭击，船只全损 78 只，牺牲支前渔民 3 人……在全凭经验行事的时段，砣矶岛牺牲了很多出海打鱼的人，在大风船上，船老大靠经验指挥着船的行进，号头靠喊唱指挥着渔民齐心协力，可以说，"船老大是方向盘，号头是发动机"，渔号的力量不容小觑。

（二）依附渔船相传承

长岛地区属于海岛县，四面环海，岛上环境闭塞，自然作物缺乏，粮食和淡水缺乏，长岛人民迫于生活压力必须走出去，他们利用当地天然的海洋优势，出海打鱼捕捞以维持生计。由于生产水平低下、生产力不发达，渔民们便自行制造大风船以出海作业，巧妙利用自然力来行船，但也需投入人工来操作船只的行进。众人划桨，其力量的协调和统一便尤为重要，强大的集体活动有效地促进了特殊海洋实践活动的开展与进行，"长岛渔号"应运而生。因此，大风船成了"长岛渔号"传承和发展的重要载体，而船上出海的渔民群体成了渔号传承的主体，从大风船上飘扬而出的长岛渔号有效地整合了个人力量以将其转变为强大的集体力量，是风帆时代长岛渔民真实生活的歌颂记录。

在出海作业时，每条大风船上基本是载着同村的人，大家关系都很亲密，同吃同住，有的渔号头和船老大还是父子或亲戚朋友关系；在集体出海捕鱼时，晚辈会跟着长辈一起出海，船上长辈中嗓音高亢的领号者会带领着大家一起喊唱号子，孩子们便也跟着喊，久而久之，便默默习得。在

---

① 石其鹏、李琨：《长岛渔号，一首古老不息的歌谣》，《走向世界》2014 年第 48 期，第 82~85 页。
② 2017 年 6 月长岛渔号传唱人访谈资料。

长岛渔号传唱人的座谈会中，成员们表示："以前的传承方式是，小孩大概十四五岁的时候就跟着父母或街坊邻居出海打鱼，大家基本上在同一条大风船上，如果喊唱渔号的话，并不存在固定的教学方式，既没有一个家庭会专门去教自家的孩子学唱渔号，更不是以'教一句、唱一句'的常规方式去教授，而是小孩都跟着大人们喊唱，掌篷、使锚、摇橹的时候都会喊唱不同的号子，天天都用这种方式去喊，小孩子慢慢地也就自然而然学会了，渔号也就是这样一代一代传承下来的。船上的渔号头就是我们默认的渔号师傅，小孩跟着他们在船上喊唱渔号，时间久了，慢慢地学会渔号之后，原来船上的渔号头也就成了他们默认的师傅，跟渔号头打个招呼，便成为师徒了，渔民不是很在乎这些拜师仪式，主要还是为了打鱼活动。"旧时，晚辈随长辈出海，渔号就是这样在大风船上代代相传的，没有明确的师徒关系，没有严格的教学模式，渔家人通过呐喊表达其对生活的渴望与热情。此外，一般只有在大风船上劳动的时候，渔民才会喊唱渔号，回到陆地或回到家之后，几乎没有喊唱的，因此，晚辈在学唱号子的时候，只能在大风船上学习，只能在特定的、真实的出海环境和条件下，才能踏实习得，这也保证了长岛渔号原生态的喊唱风格和传承方式。长岛县砣矶镇磨石嘴村的渔号传唱人范国富回忆说："在长岛这个地方也没有别的行业可以从事，就只有打鱼这一行当，我当时也是跟着大风船出海去打鱼的，跟着船上长辈们喊唱。我今年 76 岁了（1941 年生），像我这个岁数的人真正去大风船上打鱼、唱号子的时间并不算久，像如今八九十岁的那辈人，他们才是真正在大风船上待过的，向渔号头学唱并领着同辈人和下一代人喊唱。"如此，以船为载体，在下一辈人中又会出现新的领号人，即嗓音洪亮、有气力的号头。号头是自然产生的、众人公认的，他既具有号召力，又有凝聚力；合者叫"答号"，要绝对服从领者的口令，其力度的轻重缓急与领者节奏配合一致。合者的句头要紧咬着领者的句尾，这一领一合，一呼一应，音程八度大跳，有排山倒海之势、雷霆万钧之力。[1] 嗓音高亢的号头领喊，众人回应，渔号长年累月在海上回响，长岛人民就是在这号声的强烈鼓舞下，无所畏惧地向海洋讨生存，在与大自然做斗争中形成了百折

---

① 俞祖华、周霞、王鹏飞：《璀璨明珠：烟台市非物质文化遗产概览》，山东大学出版社，2012，第 110 页。

不挠的闯海精神。

在伴随渔民捕捞的岁月中，似乎形成了某种以出海人员为主体、以船舶为单位的隐形战场，而"长岛渔号"似乎为这个战场添置了冲锋号，在特殊时刻具有力挽狂澜的特殊功效。在沿海渔民与大自然风险抗争的过程中，渔号是即时命令，无须明确的言语和华丽的辞藻，便可通过曲调、号种、语气等来适时、有效指挥大风船上的全体人员，使其一致行动，共同迎接并战胜风险。具有强大向心力、感召力和凝聚力的"长岛渔号"，主要是以社会团体和家族进行传承，号头众多，特选三个有代表性的传承谱系①，具体见表1、表2、表3。

表1 "长岛渔号"传承谱系（一）

代别	姓名	性别	出生年月	文化程度	传承方式	学艺时间	居住地址
第一代	朱首春	男	不详	不详	家族传承	不详	砣矶井口村
第二代	朱德升	男	1876年	不详	家族传承	不详	砣矶井口村
第三代	朱 莱	男	1897年	不详	家族传承	1912年	砣矶井口村
第四代	朱道成	男	1915年	不详	家族传承	1931年	砣矶井口村
第五代	朱大相	男	1935年	小学	家族传承	1950年	砣矶井口村
第六代	吴忠东	男	1952年	初中	师传	1990年	砣矶大口村

表2 "长岛渔号"传承谱系（二）

代别	姓名	性别	出生年月	文化程度	传承方式	学艺时间	居住地址
第一代	孙敬有	男	1841年	不详	家族传承	1855年	砣矶磨石嘴村
第二代	孙恒信	男	1863年	不详	家族传承	1879年	砣矶磨石嘴村
第三代	孙凤金	男	1893年	不详	家族传承	1908年	砣矶磨石嘴村
第四代	孙宝群	男	1934年	小学	家族传承	1949年	砣矶磨石嘴村

表3 "长岛渔号"传承谱系（三）

代别	姓名	性别	出生年月	文化程度	传承方式	学艺时间	居住地址
第一代	吴本发	男	1881年	不详	家族传承	1896年	砣矶大口村
第二代	吴支英	男	1901年	不详	家族传承	1915年	砣矶大口村
第三代	吴远腾	男	1935年	中专	家族传承	1960年	砣矶大口村

① 引自《国家级非物质文化遗产名录项目申报书》（长岛渔号），长岛县教育文化体育局。

从以上三个典型的传承谱系可以看出，在大风船时代，"长岛渔号"的传承方式是以家族传承为主，而在海上作业机械化之后，渔号的传承也受到了冲击，后来也出现了师传的传承方式。总之，从纵向看，渔号由长辈传承给晚辈，从横向看，渔号在同一代人中传唱并会从中产生新的渔号头，如此直至机帆船的出现。座谈会中的渔号传唱人表示："在过去，大风船的行进全靠自然力和人力，因而渔号在其劳动过程中不可或缺。在机帆船出现以后（1958 年），渔号的实用价值在一定程度上得以下降，1970 年之后，基本上渔民不再使用大风船去出海作业了，大风船一般是拉货时用的，比如会用个别的大风船拉石头以在砣矶岛建港，渔号也就退出了。总体来说，随着船只的不断机械化，不再需要人力摇橹、掌篷等，自然也就不用渔号了。"另外，砣矶岛上的各个行政村都拥有本村独立的大风船，同村人会在同一条大风船上出海打鱼，渔号的传承也是在这条大风船上完成的，因而每一个传承谱系中的传承人都是一个村子的，如砣矶井口村、砣矶磨石嘴村和砣矶大口村。

（三）直面海洋而喊唱

"长岛渔号"的初衷是作为海上劳作时的渔令，是长岛闯海人面对集体渔业活动中突发自然风险所统一听从的号令，在传统渔业捕捞阶段拥有不可取代的地位。在紧要关头，足智多谋的渔号头临危不惧，随机应变地喊唱出适用于当下海洋渔业活动的各类渔号，其节奏能带动全船的渔民统一展开行动，众人的发力点便也不言而喻地被聚合为一种强大的力量，以应对来自浩瀚海洋上的任何困难和自然风险。因此，"长岛渔号"就是闯海人的海洋渔令，其发生具有特定的场景，从传统意义上来讲，渔号是渔民在海上作业时所使用的独特的行业语言，渔民群体可以通过渔号不言而喻地获知当下的工作要点与节奏要素等。与一般的劳动号子一样，渔号也是产生且发生在特定的劳动场景中，如海洋渔号飘扬在乘风破浪的大风船上，码头搬运号子飘扬在码头搬运货物的工人群体中等。在大风船时代，"长岛渔号"是出海打鱼的渔民群体所喊唱着的，是在其进行拉网、竖桅、摇橹等劳动工作时所使用到的海洋渔令，发生在"田间地头"即海面作业的过程中，声声喊唱的渔号伴随着闯海人的足迹，在渤海湾一带飘扬，其词曲不仅反映出劳动渔民当下的各类丰富情绪，还表现出渔民群体刚柔并济的性格特征。

悠扬动听的渔民生活歌是渔民生活的真实再现，反映了渔民内心的喜怒哀乐，揭示了他们的生活状况。① 像西北人嗜唱"信天游"，东北人嗜唱"二人转"一样，面对海洋，喊唱"渔家号子"是山东长岛人世辈相传的永恒激情。② 每一个喊唱都是源于生活实际的，虽然都基于一个固定的曲调，渔民的喊唱会随着现实生活状况的不同而稍有改变，其语气会随着心情而有所不同，比如说高兴时，可能会喊"摇大橹，回家了哇"，还有可能喊"满船了哇"。但不管随机的喊唱如何，号子的曲调是稳定的，比如说《摇橹号》就只有四句话，来回反复地喊，每一句号子随着心情的不同，其拖音的长短便也不同，这都是根据现实情况而定的。

三 海洋实践转型中的"长岛渔号"

随着社会生产力的发展，生产水平不断进步，机械化程度也不断提高，人类开发、利用和保护海洋的实践活动发生转型，"长岛渔号"赖以生存的载体大风船受到机械船只的冲击，在人们的生产与生活中日渐淡出，渔号也随之发生转变。

（一）表现形式：从闯海渔令到民间渔歌

从传统意义上来讲，渔号是从事传统海洋捕捞活动这一行业人员的特殊工作用语，但只是传唱于大风船及长岛当地人民群体中，其他领域和群体几乎从未涉及，流传度受到极大限制。近些年，随着传统海洋渔业捕捞活动的升级与转型，渔号也逐渐从闯海渔令演变为民间渔歌，从出海的大风船飘扬到了陆地，从出海洋捕捞活动流传到了日常消遣活动。如此，就好像草原上牧歌，像黄土高原上的民歌，像少数民族的民族歌曲，"长岛渔号"成了独具地方特色的民间海洋渔歌。"长岛渔号"有专属乐谱，有专门的渔号表演队，有相关的研究学者，不断在更大的范围流传，感染和打动更多的人群，以一种独特的方式继续绽放光彩。长岛祖辈的原始渔业生产

① 曲金良、纪丽真：《海洋民俗》，中国海洋大学出版社，2012，第 115 页。
② 高洁：《浅谈山东长岛渔号的文化底蕴》，《黄河之声》2011 年第 1 期，第 98~99 页。

活动及传统生活方式映射在渔号中，渔家人的闯海精神凝缩进渔号声中，慢慢渗透进民间百姓的日常生活中，润物细无声。虽然不再是闯海渔令的形式，但"长岛渔号"在演绎过程中仍然是以渔号头领号、众人接合的形式展开的，只是或多或少失去了原始海洋渔令的韵味，削弱了往日在大风船上独领众合的气势，渔号的灵魂似乎也发生了某种程度的转变。但也正是由于"长岛渔号"自闯海渔令到民间渔歌的转变，为其在发展节奏快速的现代社会赋予了新的存活方式，接纳了更多的听众，使其有机会不断以厚重的历史和文化价值震撼大众，以民间渔歌的表现形式继续传承。

从闯海渔令到民间渔歌，渔号的生产实用功能下降，生活娱乐功能显现。世代流传的渔歌渔谣，内容丰富，题材广泛，既可用于沟通交际、协调劳动，又可以释放情感，使力量大增。[1] 胶东半岛渔家号子的主要功能是与渔民集体劳动相辅相成的，除了其实用功能外，还具有鲜明的娱乐功能。通过不同种类的号子振作精神、协调动作，可有效地减轻劳动者的体力消耗，增强渔民们的劳动热情。[2] 生活在海岛上的人性格多坚毅、忍耐、执着和内敛，对于自然和神灵怀着更多的敬畏与崇拜，这些都是他们生活的独特地理环境与生存方式所致。在四面环水、没有退路的海岛上，久居其上的人们必然有着与陆地居民迥异的生命体验；海洋的变幻无常使得他们相信即使是自然物也一定有其脾气秉性，对于自然的恐惧和热爱，矛盾地杂糅在他们多种生产生活当中，就如同这渔民号子，在声声震天的吼声当中，表达着渔民对自然一种别样的崇敬方式。[3] "长岛渔号"的娱乐性也渗透在渔民的生活生产实践中。渔号能充分抒发渔民的即时心情，在其面对滔天海浪等严重威胁时，能给予其希望，在其满载而归时能抒发其喜悦。由于海上捕捞作业很紧张激烈，所以呼喊性和情绪性的音调变换贯穿于全部歌唱之中，喊唱语气和曲调等也都和现实情境相匹配、相融合，抒发着海岛渔民的热情与豪爽。

以娱乐活动方式呈现的"长岛渔号"不仅能烘托氛围，还能感染和带动更多的人来关注和保护渔号，如部分"长岛渔号"传唱人会在夏季闲暇

---

① 曲金良、纪丽真：《海洋民俗》，中国海洋大学出版社，2012，第 114 页。

② 郭泮溪、侯德彤、李培亮：《胶东半岛海洋文明简史》，中国社会科学出版社，2011，第 272 页。

③ 姚海科：《长岛渔号》，《海洋世界》2006 年第 2 期，第 18～19 页。

时候去广场进行渔号表演，还会去参与渔号比赛等诸类活动，渔号还被搬上舞台和荧幕，使更多人能在日常生活中直接或间接地接触到渔号，感受到渔号的独特魅力。随着文化元素价值的不断凸显，经历过岁月洗礼的长岛渔号不仅沉淀为长岛当地人民群体中难忘的记忆，更成了长岛地区一张响亮的文化名片，激发着长岛当地人的文化认同感和自豪感，带动更多本地人投身于渔号的保护和传承事业中，如利用渔家乐、体验渔号喊唱等旅游活动形式来让长岛渔号真正接近群体、深入群众。

（二）传承方式：从"船承"到视觉化

时代变迁，20世纪50~60年代出现了以机械力为主的机帆船，机械船上不再需要众多的人工劳动力，更不需要通过喊唱渔号来进行每一次关乎生存命运的集体活动。为了提高日常生产的效率和降低出海的风险指数，渔民纷纷转向使用机帆船出海，这在很大程度上给大风船造成了冲击，使其失去了往日的辉煌。长岛县砣矶镇中村村委会工作人员金福军在接受访谈时表示，"20世纪80年代，渔村处于鼎盛时期，我们村被称为大马力渔村或大机帆村，村里有10条大机帆船，整个砣矶岛有200多条机帆船，基本上是远洋作业，随着海洋渔业资源的匮乏，现在就剩2对大机帆船了，还不经常出海，基本上是小船出海了，而且是近海捕捞"。离开了大风船这一载体的庇佑，"长岛渔号"往日不容动摇的权威地位似乎被打破了。起初，在机帆船上，十来个闯海人还在唱渔号，比如干其他活儿的时候为了表达心情会吼上几嗓子，但机帆船上渔号的实用价值终究无法跟风帆时代相媲美。

与大风船相伴随的"长岛渔号"失去了其生存土壤，面临种种现实问题，开始在新阶段寻求一种适当的存在状态，而视觉化成为渔号转型的一大特点。音乐的视觉化传播指音乐这种艺术形式借助电视、电影、网络等大众传播载体，通过画面、影像来诠释音乐内容的，视听结合的大众化传播方式。① 现阶段，民间层面的渔号传承是通过以听觉带视觉、以视觉促听觉的表演或演出形式来展现的，但缺乏自觉性，在很大程度上依靠官方的力量维持和运行。

---

① 吴哲：《浅析音乐的视觉化传播——以迪斯尼动画〈幻想曲2000〉之〈蓝色狂想曲〉为例》，《南京艺术学院学报》（音乐与表演版）2007年第4期，第95~101页。

在渔号的视觉化发展中，民间的渔号传唱人自发组织渔号表演活动，使渔号真正贴近于大众，同时还尝试将渔号表演与当地的渔家乐等旅游资源相结合。但是，大多数的渔号表演活动还是由长岛县文化馆安排的，长岛县文化馆积极安排渔号表演活动、参赛活动及渔号教学活动，以改善其传承现状。就渔号表演和参赛活动而言，这是一种集体活动，需要众人来喊唱，同时还需要工具辅助才能完成。座谈会中的渔号传唱人表示："以前，文化馆会在一年内安排我们在旅游景点（如明珠广场）进行十来场渔号表演，我们会得到相应的补贴费用；现在，安排的次数少了，比如在去年（2016 年）只安排了 4 次，一是因为我们岁数大了，危险因素比较高，担心表演时出现意外，文化局会给我们买短期人身保险；二是因为在夏季表演时，好多观众都是本地人，时间久了，也看腻了。本地人似乎都觉得时代变迁了，大风船退出历史了，渔号自然而然也该消失了。"

长岛县文化局积极申报非物质文化遗产项目，"长岛渔号"于 2008 年 6 月成功入选第二批国家级非物质文化遗产名录，是长岛县第一个国家级非物质文化遗产项目，对进一步加强渔号的传承、保护和发展具有重要的意义，但同时存在现实问题。"长岛渔号"座谈会中的传唱人表示："申遗的时候，只能一级一级往上申报，比如市级传承人的可再申请成为省级的，省级的传承人可再申请成为国家级的，而且对传承人的具体数量也没有限制，所以目前计划就是往上多申报一些人。"长岛县砣矶镇磨石嘴村的渔号传唱人范国富说："这个村（磨石嘴村）的老人基本上会唱，因为当时他们出海打鱼时都在大风船上，不管干什么活儿都得喊号子，比如有摇橹时用的号子，有掌篷时用的号子等。"所以，尽管当地的大部分老渔民会唱渔号，但在申请非物质文化遗产传承人的过程中，其内部会推荐人选，嗓音洪亮的就会被向上推荐，一般会推荐 3 个人。"但是，在成功申请为非遗传承人后，市级的传承人是没有补贴的，烟台市是没有补贴的，别的地方好像一年会给传承人提供两千块钱；而省级的传承人每年会有六千块钱的补贴，一次满足其带徒弟等的花费，即传承费；国家级的传承人身份，补贴自然也会多一些，比如说我师父朱大相（已故）。"因此，尽管成功申请并进入了非物质文化遗产名录，但资金的缺乏却是渔号传承和发展的一个障碍。此外，就渔号教学活动而言，长岛县文化局还会安排渔号传唱者去当地小学教学生喊唱，加深年轻一代对渔号的听视感受，座谈会中的渔号传唱人说："但在我们教学结束后，学生们可能太小了，都不知道我们唱的是什么，虽然是长岛本地方言，但他们还是不懂，现在孩子都说普通话，很少有人再讲方言了，此外，我们小时候看见过上网那些场面，四个人一捆一捆地往上抬，所以感受很深，现在的孩子没有经历过那个时代，无法理解渔号也是自然的。"渔号传唱人的年岁都已高，但年青一代的长岛人却由于尚未经历过风帆时代，对渔号感到陌生。

在民间和官方的重视与推动下，"长岛渔号"视觉化的进程不断加快，已被搬上舞台，走进屏幕。1989 年，中央电视台摄制组专程到砣矶岛，请部分老渔民在大风船上，用旧时的生产工具，伴着声声渔号，操作者闯海打鱼的活计，录制成《渔民号子》音乐片，在中央和地方电视台多次播放。[1] 基本上，每年都会有电视台去长岛地区进行采访、拍摄纪录片，比如在 2009 年的拍摄中，传唱人就在半月湾的大风船上进行实际操作表演，中央电视台中文国际频道（CCTV-4）的《走遍中国》栏目组于 2017 年来长岛拍摄渔号，中央电视台科教频道（CCTV-10）的《味道》栏目组于 2017年也在长岛进行拍摄，加之网络新闻等对长岛地区旅游资源的宣传和报道，渔号视觉化的转化在极大程度上提升了"长岛渔号"的知名度。

（三）空间转变：从"田间地头"到舞台

现阶段，几乎所有的劳动号子都面临着转变与发展等现实问题。曾经操持过号子念唱的劳动者尝试在一些固定的区域放弃工业化与机械化的过度"入侵"，依然保持着原始固有的劳作习惯与号子吆喝，他们也许为了自娱自乐情绪的自我满足，也许是顺应地方旅游的需要。但那种原始的紧密协调劳动形式与过程的号子已然渐渐逝去，而那些站在号子念唱旁边的欣赏者也难以体会劳动号子的精神实质，也许只有协调动作时的口令能让人们留下些许印象。[2] 为了寻求一条发展之路，渔号产生与发展的空间场景发生了从"田间地头"到舞台的转变。

"长岛渔号"从历史民俗的舞台上退场，踏上了现实的舞台。五彩斑斓的大舞台代替劈波斩浪的大风船成为渔号表演的客观环境载体，演员是一

---

① 《中国海洋文化》编委会：《中国海洋文化·山东卷》，海洋出版社，2016，第 247 页。

② 邢楠楠：《文化人类学视角下的劳动号子传承研究》，《山东社会科学》2014 年第 9 期，第173~178 页。

批经历过出海作业的老渔民群体，渔网、桅杆、大橹器具等被舞台道具所替代，与原有的材质相比较轻便，如此，渔号依然飘扬，只是唱者与听者的感受都已大不相同。演出的渔民们在舞台上依然放声喊唱，他们面临的不是滔天的波浪，不用担心丰收与否，更不用为生命存活而搏斗，他们面对的是未经历过风帆时代甚至从未出过海的观众或晚辈；他们所操作的也不再是沉甸甸的桅杆、船橹等器具，而是轻便的舞台道具，模拟动作时不用使太大的劲儿，饱满的情绪便也无法全部释放，再激昂的演出情绪也无法还原真实场景中大风船上渔民的状态。台上一分钟，台下十年功，但这些渔民群体在舞台上的渔号喊唱何止是十年的功夫，这是长岛世代渔民的功夫，是他们向自然讨生活的精神与态度，空间虽然发生了转变，但渔号的魅力不减，听者都被闯海之歌吸引并深深震撼着。

四 对"长岛渔号"保护与传承现状的反思

（一）渔号的保护需挖掘深层意义

经过岁月的洗礼，"长岛渔号"成为一种特殊的记忆和宝贵的遗产，其生活功能在现代社会不断凸显，传承和发展也已逐渐脱离仅为满足人们现实生活的需要。在精神文化极度匮乏的现代社会，作为地区文化符号的"长岛渔号"凝聚着一方百姓的情怀，是一种隐形但牢固的文化纽带，使长岛甚至周边地区都围绕渔号而发生千丝万缕的联系。地方民众对长岛渔号或多或少都抱有一种地方认同感和自豪感，这是祖辈传承下来的地区特有文化，沾满了长岛世代渔民群体的闯海血泪，是后人应该保护、传承和发展的非物质文化遗产，其浓重的乡土味道是应该保留下去的。同时，当代人需要丰富多彩的文化生活，审美要求越来越高。作为长岛地区专属文化名片的"长岛渔号"如不及时抢救、保护，很可能绝迹。尽管渔号在现代社会的磨合中似乎已慢慢找出一条可以存活的道路，但其现状堪忧，长久以来受到现代社会的种种冲击，如在地区经济发展和保护，非物质文化遗产之间的博弈中步履艰难。因此，保护好"长岛渔号"这种传统文化对地区的协调发展具有重要的意义，对这一非物质文化遗产的抢救更是迫在眉睫。

对"长岛渔号"的保护，需分析与考虑其世代传承的主客观环境与条件。一方面，凭借自然力和人力行进的大风船是长岛渔号传承的必要客观载体，是渔号绽放光彩和世代传承不可缺少的客观物件。渔民为了向神秘莫测、变化无常的自然讨生存，在面对巨大的自然风险时，众人一齐喊出一声声渔号，特殊的地区方言、大量的虚词夹杂着固有且灵活多变的曲调，渔号即渔令，每一句都凝聚着力量，鼓舞着人心，久而久之，跟随长辈出海的晚辈也在渔号的陪伴下在大风船上劈波斩浪，自然而然便受到熏陶，将渔号口口相传。"长岛渔号"一旦脱离了大风船，便失去了其固有的生长土壤，在很大程度上失去了其原有的风采和活力，且其传承内涵也会转变，如渔号乐谱虽然得以记录和传承，渔民也可模拟出海时的具体场景来演绎，却失去了真实、残酷、未知的自然风险场景，自然也失去了呐喊渔号时的激情与情感，以船相承的海洋渔号便因时代的变迁和生产力的发展而被赋予新的存在形式。另一方面，渔民群体对渔号本身的热爱和认同感是不可否认的事实，这是属于长岛地区的特殊遗产，是长岛先辈海洋实践活动的珍贵产物，包含着本地区的特殊方言和人情世故，是本地乡里乡亲所传承的特有文化，其传承离不开地区渔民对渔号的认同感和自豪感，这映射着风帆时代祖辈真实的生活，是父辈渔民岁月的剪影和写照。

（二）渔号的传承需解决现实问题

从风帆时代到机帆船时代，从大风船到机帆船，渔号"以船为生"，船仿佛是某个无形单位的地域范围，而渔号便是此单元内个体行事所必须遵循的规章制度及命令，以渔号头的口径为准，船上的所有劳动者都即时性地做出判断，准确适时地做出适当的行为并贡献自己的力量。显然，机帆船上的渔号与大风船上的渔号本色相差甚远，渔号由于船只的变革而面临严重的传承危机，该如何应对"船承"方式的转变？从某种角度看，失去实用价值的渔号或许是该自然消失殆尽的时代产物，但从历史文化的角度看，这是祖辈们海洋实践活动的产物，是其智慧的结晶，也是长岛人民传统生活的印迹。历经百年沧桑，掌帆摇橹的风帆时代已成为历史，以渔号调集劳动力的形式逐步减少。虽然"长岛渔号"已被成功申请为国家级非物质文化遗产，实现了从以大风船为载体的以船相承到视觉化形式的传承，但面对不同时代的生产和生活方式，长岛渔号的传承与发展面临种种瓶颈。

一是传唱人的年岁都较大。而今，机械作业取代了落后的人工作业，壮观的"喊号子"场面也消失了。年轻人无意学习，老人们也无心再唱。以前人人能唱的"渔号子"，现在只有几个人能唱全，十几个人能唱出其中几种，这块海洋艺术瑰宝也已濒临消失。[①] 在现阶段，一大批老年渔民和知名的号头年岁已高，相继退出渔猎生产，有的已经谢世，而年轻一代渔民尚未经历风帆时代，没有在大风船上进行海洋实践活动的经历，对渔号感到陌生，加上传唱渔号也无法满足其基本生活，没有年轻人愿意主动学习和传承，便没有年轻一代的传唱者。二是渔号的传唱形式较为受限。座谈会中的渔号传唱人说："1992 年，我们到北京去演出时，将渔民号子改编成能在舞台中演出的渔歌形式，很受大家的欢迎。但渔号依然没法跟大秧歌相比，平时大家没事可以扭秧歌锻炼身体，但不能摇橹啊。"渔号跟秧歌、民歌类的活动不一样，其语气词多，流传度低。后者可以在日常生活中教授给老百姓，大家锻炼身体时也可以用到，渔号却很难在日常生活中得以传承，视觉化也只能拉近渔号与大众的距离，并未实际解决大众参与其中的问题。三是已谱渔号的乐谱与正宗渔号间存在较大差距。已谱的渔号曲调准确性差，与原汁原味的正宗号子差距很远，出现在申遗书上的渔号乐谱跟实际的渔号存在一定差异，亟待从尚健在的老渔民中抢救原始资料，以利传承后人。座谈会中的渔号传唱人表示："在前几年，我们县里组织专业人员来谱，但是谱不出来，因为号子是从实践中出来的，他们都谱不出来，对不上号，渔号高高低低的，有些像半音又不是半音，有些音可以拖也可以不拖，随时变化，是根据当时的实际情况而喊的，所以就不容易谱。在《长岛县志》上，有谱出来的渔号曲子，但是如果想要照着谱子去唱的话，还是唱不出来那个调子。只有在船上，有实际行动，才能唱出真正的号子，有时浪大的话，号子节奏就紧，有时风静浪静的话，号子就轻快一些，根据形势变化。"四是视觉化的渔号在舞台表演中存在现实问题。渔号表演活动和过去喊唱渔号本身就存在差异，视觉化的渔号表演其实是在模拟或创造出海的场景，一般是 10～12 个人，有时在海边表演，有时在舞台表演，还需要渔网、橹锚，甚至是桅杆和船等道具，大部分表演不是必须要有船的，就是拿着道具在模拟，如果上网的话，可能会在岸边停泊的船

---

① 王杨、李明明、徐小惠：《传唱六百余载的大海之歌》，《走向世界》2016 年第 27 期，第 60～63 页。

（固定的船）上去表演，更形象化一些。在舞台上掌篷时是没有道具的，主要是看动作，有道具时吃力，没有道具时就不重视它，喊出来的号子也差点味道。但在过去，渔民跟着大风船打鱼，面对不确定的自然条件，关乎着生命，必须得使劲儿，劲儿大，船也就快，号子一喊，心情不一样，现在在舞台中，不关乎生命安危，也不关乎生活状况，喊渔号的人状态不紧张，两者便产生了较大差异。从观众角度来讲，听觉和视觉虽然都得到了一定的满足，但为了配合表演时带给人的视觉感，原本能真正从听觉上给予人们冲击和享受的渔号也大打折扣。

（三）渔号的发展需统筹多元关系

"渔家号子"作为国家非物质文化遗产，不仅是中国海洋文化的稀有财富，也是长岛人精神的凝聚和彰显。长岛从 20 世纪末便开始发展其海岛休闲渔业，主要模式是"渔家乐"，通过渔家大嫂、渔家美食、渔家号子等系列带有"渔"字色彩的渔家文化，参与、体验海岛生活，注重游客体验，鼓励游客参与富有乐趣的海洋生产劳动项目如喊渔家号子、船上垂钓等，让游客体验渔民生产劳动过程，感受海上生活乐趣，推动渔文化的传播。[①]长岛人这般起劲地喊着旅游"号子"，将这张"底牌"锻成蓝色经济支撑点，拓出渔民转产增收新渠道。[②] 在市场化和产业化的今天，渔号已经成为长岛旅游产业的一个重要部分，"文化搭台，经济唱戏"，长岛渔号的经济价值会随其自身价值的彰显而不断被挖掘。

在"长岛渔号"的传承与发展中，协调好政府、市场和民间在保护渔号等海洋非物质文化遗产方面的关系很关键。在"长岛渔号"传唱人的座谈会中，他们也表示："一方面，可考虑将渔号和渔家乐等旅游资源相结合。原先，街道自发成立了渔号表演队（朱大相等人），渔家乐会请他们去表演来吸引游客，所以可考虑与旅游集团合作，在旅游旺季去码头或某个景点去演出，类似于广场舞，哪怕每天只有一小会儿，其影响也挺大的，游客和当地人都会去看，有的游客可能还会合影，以便增强其宣传力和影响力。另一方面，可以考虑成立渔号保护协会，选出带头人，专门保护渔号等。"因

---

① 毕旭玲、汤猛：《中国海洋文化与海洋文化产业开发》，东方出版中心，2016，第 185～186 页。
② 石其鹏、李琨：《长岛渔号，一首古老不息的歌谣》，《走向世界》2014 年第 48 期，第 82～85 页。

此，政府应主动引导和扶持对渔号的保护和传承，调动民间积极性，充分利用市场效应，协调各方利益集团，最大限度地将"长岛渔号"活态传承。

此外，处理好"长岛渔号"的保护、传承和产业化发展之间的关系也尤为重要。海洋文化遗产产业是传承海洋文化，实现中华传统海洋文化的创造性转化、创新性发展的重要途径，也是保护和传承传统海洋文化，实现文化富民、乐民的重要方式。通过促进海洋文化遗产产业化进程，开发海洋文化遗产优秀产品和优质服务，将海洋文化遗产资源的传承和保护与人民的生活结合起来，将海洋文化遗产的历史文化价值转化为经济价值、社会价值，才能更有效地实现传统海洋文化的保护和传承。① 在"长岛渔号"等海洋文化遗产的保护过程中，保护、传承与发展是一个不可割裂的完整过程，需要给予重视并落实行动。

五　结论

从风帆时代到机帆船时代，"长岛渔号"的保护与传承问题是现阶段发展的关键。积极正视"长岛渔号"从闯海渔令到民间渔歌的转变，考虑对其内容和形式的保护与传承，如可在保留其原始曲调、艺术元素的基础上，不断创新艺术表现形式，挖掘新内涵，为渔号赋予新的生命；准确把握"长岛渔号"从"船承"到视觉化的转变，创新渔号发展形式，利用音乐视觉化来发展渔号，以视觉化效应带动大众对听觉化渔号的关注和参与，不断拓展渔号的听众群体以扩大其民间影响力，努力在日常生活中挖掘其实用功能以完成对其生产功能的部分转变；充分利用"长岛渔号"从"田间地头"到舞台的转变，科学合理推进渔号的可持续发展。对"长岛渔号"的保护、传承与发展，需有效调动民间的积极性，合理利用市场的推动力，把控好政府的引导力，协调处理好政府、民间和市场的关系，使渔号不仅成为新时期长岛人民的经典记忆和文化名片，成为带动长岛区域经济发展新的增长点；还要使其造福于更大范围的群体，丰富其文化生活，开拓其文化视野，提高人们对非物质文化遗产的保护意识；更要使其促进我国蓝色经济的发展，为国民经济贡献力量，加快我国建成海洋强国的进程与步伐。

----

① 刘家沂：《海洋文化遗产资源产业化开发策略研究》，中国海洋大学出版社，2016，第 40 页。

中国海洋社会学研究

2018 年卷　总第 6 期

第 205～215 页

© SSAP，2018

民俗资源化背景下海洋民俗传承路径研究[*]

——以"田横祭海节"为例

王新艳[**]

摘　要：伴随着海洋实践的变化，历经五百余载的田横祭海节不仅在形式、名称等"形"上发生了转变，而且经历了从"信"到"祭"再到"演"的"质"的变化，更成为区域文化的典型体现和区域经济发展的重要出口之一。这一过程可称为"民俗资源化"，正确认识祭海节在现代社会发展中的"资源"属性，有利于结合海洋民俗的特性寻找传统文化传承的出口，也可避免传承过程中断章取义地过度强调"原生态"的问题，以免破坏传承保护的整体性。

关键词：民俗资源化　海洋非物质文化遗产　文化生态区　田横祭海节

"十三五"规划纲要提出"拓展蓝色经济空间"，进一步确认了海洋文化的重要地位，"传承发展优秀传统文化"，在持续建设"21 世纪海上丝绸之路"及进一步加强非物质文化遗产保护与传承的背景下，海洋非物质文

---

* 本文系山东省社会科学规划青年学者重点培养计划专项"山东省海洋民俗资源化发展路径研究"（17CQXT17）、青岛市社会科学规划项目"青岛市海洋非物质文化遗产传承路径的研究"（QDSKL1701020）、中央高校基本科研业务费专项（201813001）阶段性成果，同时也受到青岛市博士后应用研究项目资助。

** 王新艳，女，山东日照人，中国海洋大学社会学研究所讲师，研究方向为海洋社会学、海洋民俗学。

化遗产的发展也迎来了新空间、新课题和新方向，同时也面临着新的挑战。那么，在新的发展形势下该如何更好地传承和发展海洋非物质文化就成为一个重要课题。

近年来围绕非物质文化遗产的保护与传承，学者提出了"生产性方式保护"①"活态传承"等思路。然而田横祭海节又与其他非物质文化遗产有所不同，首先，它不同于拥有固定传承人的民间技艺，其传承主体既不可以指定，又随时变化；其次，它的产生与存在与海洋相关，具体来说，与海洋实践相关，与陆地相比，人类对海洋的开发利用程度要弱得多，海洋实践对海洋生态系统的改造同样弱于陆地实践。因此，作为海洋非物质文化遗产的田横祭海节在其传承保护路径上又有其相对稳定性和整体性。

因此，如何充分结合海洋非物质文化遗产的特性，找到合适的传承路径显得尤为重要。本文以国家非物质文化遗产——田横祭海节为例，通过梳理田横祭海节的历史沿革，分析其从"民间信仰"走向"民俗资源"的过程，尝试找出海洋民俗文化传承路径的出口。

其中关于田横祭海节的仪式过程的研究，自 2010 年以来数量众多，本文不做赘述。②

一　对海洋民俗传承与"资源化"的认识

自 1994 年马学良在中国民俗学会第六次学术年会的贺信中第一次使用"海洋民俗文化"一词以来，2017 年已经进入海洋民俗文化发展的第 24 个年头。海洋民俗文化是指"在沿海地区和海岛等一定区域范围内流行的民俗文化，它的产生、传承和变异，都与海洋有密切的关系。包括海洋生产习俗、渔家生活习俗、海洋信仰与禁忌"③。20 余年来，海洋民俗文化的发

①　"生产性方式保护"的概念最早出现于 2006 年出版的《非物质文化遗产概论》，即通过生产、流通、销售等方式，将非物质文化遗产及其资源转化为生产力和产品，产生经济效益，并促进相关产业发展，使非物质文化遗产在生产实践中得到积极保护，实现非物质文化遗产保护与经济社会协调发展的良性互动。2009 年元宵节系列活动使"生产性方式保护"成为大家探讨的焦点。

②　关于祭海习俗，参见中国节日志编辑委员会《中国节日志·渔民开洋谢洋节》，光明日报出版社，2014。

③　陈钜龙：《海洋民俗文化》，2007 年中国海洋学会年会上的发言。

展和研究不断积累完善，在学科研究中的地位逐渐被确立起来，研究视角也不断推陈出新，其中如何传承和保护一直是学者们关注的焦点问题之一。综观这些年的研究，笔者认为可将其概括为以下两个观点。

第一，"生产力"说。"海洋民俗文化也是一种生产力，是有形的、无形的或潜在的生产力"，因此在"搜集、整理、保护、传承海洋民俗文化的过程中，我们不应忽略通过旅游业的载体来充分展现其丰富的内涵，体现其内在的价值所在"。① 其中，"生产力"说主导下的海洋民俗文化传承发展研究多与"海洋民俗旅游""海洋民俗产业"等相关，成为近几年海洋民俗文化的突出特点。以 2016 年为例，在中国知网（CNKI）文献分类目录中选中所有学科领域，选取 12 个主题词② 检索"海洋非物质文化遗产""渔村生态旅游""海洋生态旅游"三个主题词下的文献数量均达到近五年来最高值，反映出海洋民俗研究与非物质文化遗产、渔村旅游、海洋旅游的关系进入更密切阶段。2016 年出版的与海洋民俗相关的 25 部著作也体现出注重与"产业""资源开发"等关键词相结合的特点，分别为《浙江海洋文化产业报告》、《中国海洋文化与海洋文化产业开发》、《海洋文化遗产资源产业化开发策略研究》、《浙江海洋文化与经济》第 8 辑、《中国海洋社会学研究》（2016 年卷）部分文章，约占全部成果的 40%，比例远远高于其他主题类书籍。可见，将海洋民俗文化更多地看作可创造经济价值的"生产力"是发展海洋民俗的重要出发点，研究指向如何开发和利用传统民俗文化，载体是旅游开发。

但这一观点往往会弱化海洋民俗文化的"文化"属性，从而导致传统文化研究的批判，于是就有了第二类观点。

第二，"文化"说。这类观点重在如何传承，尤其在非物质文化遗产进入研究者视野后，海洋非物质文化遗产自身所具有的"遗产性""区域性"等特点对海洋民俗文化的传承和发展提出了更多要求，同时更加注重海洋民俗文化遗产所蕴含的厚重的历史价值和人文价值，因此不断加大对海洋民俗文化的挖掘和抢救力度，大量与海洋有关的社会习俗、岁时节日、人生礼仪、民间观念、婚丧嫁娶、宗教及巫术等文化也逐渐被搜集、整理和

---

① 陈钜龙：《海洋民俗文化》，2007 年中国海洋学会年会上的发言。

② 分别是海洋非物质文化遗产、渔村生态旅游、海洋生态旅游、妈祖信仰、海洋民俗、渔村旅游、海神信仰、祭海、船文化、舟山民俗、渔村民俗、渔家号子。

挖掘出来。

实质上，"生产力"说与"文化"说并非完全对立，而是分别从其开发利用和传承保护两方面入手，在研究内容上，前者重在海洋民俗的经济价值，后者重在文化价值。然而在国家的海洋强国战略背景下，如何将两者统一起来，更多挖掘海洋民俗文化的社会价值，成为一个新的课题，要求我们寻找新的视角。

对此，也有少量研究进行了尝试，比如毛海莹的《文化生态视角下的海洋民俗文化的传承与保护——以浙江宁波象山县石浦渔港为例》一文认为"文化生态就是一种文化的自然生态与人文生态的结合体"，"文化生态所表现的社会价值取向对于海洋民俗的积极传承具有深远而重要的影响"。①她还提出了海洋民俗的"社会价值"。2013 年，徐赣丽等以民间文化的发展为例首次提出"资源化"②的说法，但对"资源化"的概念、产生条件、发展路径以及特征等都没有进行深入探讨。以上关于海洋民俗文化研究中出现的"生产力"说也好，"文化"说也罢，其实都可以纳入"资源"的视角。因此，充分认识海洋民俗文化的"资源"属性，厘清海洋民俗如何被"资源化"，对于拓展海洋民俗的研究领域，找到能够协调海洋民俗在经济、文化、社会效益等方面的传承与发展路径具有重要意义。

因此，本文结合山东省"田横祭海节"的传承与开发利用，尝试提出并论证"资源化"的概念，并探讨"民俗资源化"在海洋民俗文化传承与发展中的重要作用，论证"为生计而传承"与"为保护而传承"如何在"资源化"的视角下实现有机统一，最终通过建立海洋文化生态区实现新形势下海洋民俗文化的传承与发展。

二　"田横祭海节"历史沿革

周戈庄祭海广场的碑文中记载"田横祭海，五百余载"，根据访谈与有

---

① 毛海莹：《文化生态学视角下的海洋民俗传承与保护——以浙江宁波象山县石浦渔港为例》，《文化遗产》2011 年第 2 期，第 106 页。

② 徐赣丽、黄洁：《资源化与遗产化：当代民间文化的发展趋势》，《民俗研究》2013 年第 5 期，第 5～12 页。

限的文献资料来看，五百余载的田横祭海经历了以下四个阶段。

第一阶段：人神沟通的"上网节"。

关于周戈庄祭海节的来历，并没有确切的文字记载，只能从访谈和有限的文字资料中得知，"明万历时（1573～1619），刘氏兄弟来此村务农"。①由此可见，明时本村所从事的是"务农"而非捕鱼。后随村落规模扩大，转农从渔，并祭祀龙王。

祭海节最初称"上网"。形式简单，无固定日期，多是各家各户渔民在修船、添置渔具等生产准备工作就绪后，以家族或船组为单位陆续找当地老先生"查好日子"，在这一天将渔网抬上船，故称"上网"。

上网当天，修葺一新的船只插满彩旗，一路鞭炮锣鼓送入海水停泊，并向海中抛洒食物，烧纸上香，许愿敬拜。因当时周戈庄一带的主要捕捞方式为"流网"——将渔网撒入海中，顺着洋流方向漂移，渔船便跟在渔网后顺流行驶，自然捕捞靠洋流带来的鱼。开春的主要捕捞对象为鲅鱼，而谷雨时节恰好是鲅鱼最肥美的季节。古谚云："谷雨到，鲅鱼跳。"所以"上网"的时间定在谷雨前后，但由于是以家庭或船组为单位的祭祀，各家"上网"的时间并不完全一致。

而且，此时"上网"的并不仅仅是渔网，一同带上船的还有香烛纸钱及神龛。出海打鱼时的第一网鱼一定要扔到大海，先敬龙王。渔民正是通过特定日子的"上网"与日常出海捕鱼中的"祭海"表达对海洋及神灵的敬畏与感恩。

"上网"慢慢成为当地渔民下海前的"仪式"，仪式要讲究程序、隆重性。新中国成立前，每年上网前后，会首邀请戏班主前来庆祝，渔业丰收的家庭会成为戏班开支的主要承担者。由船长根据出海时间各自查日子，出海前举行"上网"的做法一直延续到 20 世纪 60 年代末。后来由于"文化大革命"，龙王庙虽被保留下来，但塑像被损，烧纸进香也受到限制，因此"上网"仪式一度简化。

第二阶段：官民共"祭"的"周戈庄上网节"。

继土地家庭联产承包责任制实施以后，20 世纪 80 年代中期，周戈庄村的船只也陆续承包给个人。但受合作社的后续影响，同时也体现出村集体

---

① 周戈庄碑阴所刻。

的基层管理权，"1987 年，周戈庄村'两委'第一次牵头，组织了一个名叫'渔业上网誓师大会'的仪式，其内容初具现在'上网节'的仪式。村里请了剧团，邀请了有关来宾，各家各户也请朋友前来参加仪式。1996 年，周戈庄村村委会统一组织祭海活动，经与渔民协商，遂将每年的（阳历）3 月 18 日定为统一祭海日，并逐步形成了周戈庄村的一个独特节日——'上网节'"。①

从此，"周戈庄上网节"成为由村落主导、渔民祭拜的节日。祭拜仪式仍以"上网"为主，辅以村集体请来的剧团表演。固定的日期、统一的仪式，使得每年的 3 月 18 日成为周戈庄村全体渔民的公共性事务，而不再是某几条渔船的事。这样，除了通过祭海完成与海神沟通的信仰仪式之外，也多了庆祝和祈福的意味。但无论是出于祭祀，还是出于祈福，"周戈庄上网节"仪式的参与者与旁观者都属于周戈庄及其村民。

而在这一时期，海水养殖业的兴起成为当代渔村的重要变化。过度捕捞和海水污染等导致近海生物资源严重受损，人工养殖技术却取得了长足进步，渔民驾驭海洋的能力获得极大提升。作为沿海渔村，长时间靠海为主要生计来源的周戈庄同样不例外。

进入 2000 年以后，受渔业产业结构调整影响，周戈庄村由单纯的捕捞业向海水养殖业转型。尤其是 2002～2009 年，是周戈庄村海参育苗养殖业的兴盛期。"全国 60% 的海参宝宝都出自田横"，而周戈庄村海参宝宝养殖在田横镇又处于中心地位。此时的"周戈庄上网节"已经从原来由对海洋的敬畏而祭神转为祈求渔业丰收而祈福的节日。

第三阶段：多方参与的"田横祭海节"。

2003 年秋，田横镇政府进村入户调研论证后发现，祭海是一笔不可替代与模仿的宝贵的非物质文化遗产，经营好这一民俗活动，必将有力提升田横知名度，加快当地经济发展。因此，自 2004 年起，田横镇引导周戈庄村渔民在继承传统民俗的基础上，不断挖掘地域特色元素，对周戈庄村祭海民俗进行"再青春"的改造和运作。并于当年，由田横镇政府与即墨市文化局、即墨市旅游局、青岛民俗博物馆共同策划主办了第一届"周戈庄祭海民俗文化节"，仪式上增添了祭海典礼、船老大请财神、出海仪式、香饽饽面塑大赛、快乐渔家游、祭海摄影展等 20 余种民俗活动，恢复渔村老

---

① 田横镇志编纂委员会编《田横镇志》，山东省地图出版社，2008，第 211 页。

牌坊，录制 60 多年的渔号子，节庆时间拉长为三天。

2005 年又改称为"田横祭海民俗文化节"，简称为"田横祭海节"。五百年来属于周戈庄村的"上网节"，摇身一变，成为田横的"祭海节"。当年的祭海节增加了吴桥杂技、威风锣鼓、舞龙、跑旱船、扭秧歌、斗鸡、风筝表演、焰火表演晚会等与"海"无关的民间艺术表演；互动环节更是多了观众系红丝带、撞吉祥钟保平安、放漂流瓶许心愿、住"喜行渔舍"品渔家宴等群众性活动；开辟了田横绿色食品展销一条街等。人民日报、经济日报等 50 余家新闻媒体的 120 余名记者前来采访报道。

2006 年，除周戈庄村作为主会场外，还在黄龙庄另辟会场，举行了开船仪式。为增加看点，田横镇政府邀请西安歌舞剧院表演了祭海仪式，并将节庆活动分拆包装，面向社会冠名招商，30 余家知名企业积极参与赞助，最高单项冠名权达 30 万元。赞助总额由三年前的几万元猛增至 150 万元。当年田横镇接待游客 30 万人次，旅游经济收入高达 3000 万元。每年数以十万计的游客进出田横，使经营酒家、商铺、旅馆的田横农民从中尝到甜头，以田横馒头、干鲜海货等为代表的当地产品供不应求，100 多家渔家宴饭店在田横和即墨城区兴起。即墨市政府调整了新的办节思路："一年一祭、三年一节，官办示范、民办主题，高点定位、持续发展"，在全国率先落实"还俗于民"。同年，"田横祭海节"入选山东省首批非物质文化遗产保护名录。

第四阶段：官民共"演"的"田横祭海节"。

2008 年，"田横祭海节"作为国家"渔民开洋、谢洋节"的代表之一入选第二批国家级非物质文化遗产保护名录，序号 979，编号 X—72。

官民共"演"在 2009 年达到高峰。2009 年，即墨市政府决定主办"田横祭海节"，由田横镇政府承办，着力打造我国北方最大的祭海活动。为增加其影响力，祭海节前夕的 3 月 8 日，即墨市政府在北京举行"2009 即发，中国田横祭海节推介会"，向社会发布了"田横祭海节"的历史渊源、保护与发展，以及 2009 年"田横祭海节"的筹备和主要内容，推介会上邀请中央、山东省、青岛市等 80 余家媒体约 102 名记者参加。2009 年"田横祭海节"成为自祭海节举办以来规模最大、收益最多的一届。

随后，"田横祭海节"延续 2009 年每三年官办示范的模式每年一祭。经过近十年的发展，2017 年，"田横祭海节"结合渔村风俗习惯及游客出行实际，拉长办节时间，利用三月中下旬至 4 月初多个周末持续举办系列节会。在原有周戈庄、黄龙庄会场的基础上，增设山东头会场，扩大办节地域，提供"田横祭海节"民俗传承地域影响力。除以往的文艺表演、地方特产展示、美食展销、渔家宴和民宿等旅游活动外，2017 年的祭海节实施"产业 +"，打造出节庆文化衍生产业链，打造和推介周戈庄二期渔人码头、水上餐厅、半坡酒店、民俗博物馆、旅游风情街即周戈庄民俗等，提出打造"醉美田乡·鲜美田横"渔乡民宿品牌。这些举措让更多的人认识了"田横祭海节"，进而推动了田横省级旅游度假区的发展。

三　分析：民间信仰走向民俗资源

"田横祭海节"的历史沿革可见表 1，在不同年代，祭海节的举办时间及地点、节日名称、仪式过程、功能及性质等方面都发生了很大变化。这一变化正是祭海节由"信（仰）"到"祭（祀）"再到"（表）演"的变化过程。

表 1　"田横祭海节"的历史沿革

时期	祭海时间	地点	名称	仪式	功能
截至 1960 年 "人神沟通"	谷雨前后，分散举行	周戈庄	"上网节"	上网仪式 日常祭拜仪式	消除恐惧； 保佑平安，祈求丰收
20 世纪 80 年代至 2002 年 集体共"祭"	1996 年定为阳历"3 月 18 日"	周戈庄	"周戈庄上网节"	上网仪式 日常祭拜 邀请剧团参与	保佑平安，祈求丰收； 村集体共同事务； 庆祝功能
2003～2007 年 多方参与	3 月 18 日前后，共三天	周戈庄 黄龙庄	"田横祭海节"	祭海典礼 20 余种民俗活动 绿色食品展销	保佑平安，祈求丰收； 祈愿发财； 打造胶东"文化品牌"
2008 年至今 官民共"演"	3 月中下旬至 4 月初多个周末	周戈庄 黄龙庄 山东头	"田横祭海节"	同上 渔舍建设 古渔村落建设等	同上 可观赏，旅游，消费； 带动区域文化整体保护

首先，作为"信（仰）"的祭海，是渔民在长期利用、开发和保护海洋的实践过程中所创造的，用来满足人们的精神性需求的节日祭祀民俗。渔民在捕捞过程中，对出海的"无把握"，对瞬息万变、喜怒无常的大海的恐惧，需要通过献祭，与神灵沟通之后方可大胆出海捕捞，是渔民海神信仰

的外在表现。仅由当地渔民自发举行，甚至参与人仅限于出海捕捞的人。因此，从仪式的自发性、神秘性以及对海神的敬畏来看，此时的祭海属于民间信仰。

其次，作为"祭（祀）"的祭海，伴随着对未知海洋的恐惧减弱，原本仅存在于远海捕捞渔民与海神之间的沟通仪式，变成村落全体渔民的共同事务，由村集共同确定祭海时间，共同邀请剧团参与。此时，祭海节成为每年渔民共同祈愿、共同庆祝、共同构筑集体记忆增强共同体之间的认同和凝聚力的载体，显然，这表明"祭祀"的属性较"信仰"的属性更为凸显。祭海节演变中第二阶段村集体的介入促使祭海节由"信仰"向"祭祀"转变，对于"田横祭海节"的传承和发展起到了关键作用。按照文化产生、发展并存在于与之相对应的生产实践的逻辑来看，民间信仰之所以得以传承，是因为其信众群体的存在与虔诚。然而，在第二阶段中可以看出，传统捕捞业开始转向海水养殖业，渔民开发利用海洋甚至掌控海洋的技术和能力都获得迅猛发展。这样一来，对海洋的恐惧和敬畏而产生的祭海行为的基础不断被动摇，甚至消失。那么，为什么"周戈庄上网节"无论是在规模还是在渔民参与度上没有减弱反而扩大？这恰恰在于村集体力量的介入。

最后，作为"（表）演"的祭海节，恰好迎合了当地经济与社会发展的需要，在其得以传承发展的基础——海洋生产方式由渔业捕捞或渔业养殖向旅游服务业及商业发展的背景下，迅速找到了自己的位置。"周戈庄上网节"经过田横镇政府、即墨市政府和社会其他力量的包装、运作和参与，产生于海洋实践并伴随海洋实践日常的"祭海"本质已经完全消失，而成为政府带动地域经济发展的文化资源。尤其在2008年入选国家级非物质文化遗产保护名录以后，"田横祭海节"显然成为田横省级旅游度假区开发的文化品牌。

由此，本属于周戈庄渔民"民间信仰"的"上网节"经过村落共同事务——"周戈庄上网节"，又逐渐演变为各级政府参与、社会群体参与的民俗文化品牌，"节"的本质经历了"信"—"祭"—"演"的过程。

截至2002年，祭海节以"信仰""民俗文化"等认知存在于当地渔民生活中，之后伴随着祭海节的更名，政府、公司等多方的参与，祭海节作为提高地方文化影响力、振兴区域经济的要素之一，其"节庆""文化名片""文化品牌"的价值被不断挖掘。我们可将这一认知的转变概括为从"民间信仰"到"民俗资源"的转变。其中，前者具有组织上的非官方、非组织、自发性；过程中的仪式性、神秘性；功能上的情感寄托；本质上的人与神人的社会互动。后者具有组织上的官方性、组织性；过程中的表演性、公开性、大众性；功能上的消费功能；其本质是当地文化与外来消费群体认同的互动。"田横祭海节"的发展过程正是前者不断减弱，后者不断增强的过程。本文将这一过程称为"民俗资源化"。

"资源化"原本是指将废物直接作为原料进行利用或者对废物进行再生利用，是循环经济的重要内容。而"民俗资源化"是为顺应民俗文化自身发展规律，将其从原生语境中抽离出来，经过新的建构、发展和创新，使其能够在新的语境中不断被生产和使用的过程。在这个过程中，文化被重新编制，先经过脱离地域化而升格，被赋予新的价值，后又被返回到原来地域再进行地域化，结果往往成为更为开放的社会空间。

通过"田横祭海节"的传承与发展历程，我们可以看出，"民俗资源化"发生的前提条件在于原生语境发生变化，原有功能丧失，同时新的语境与新的功能需求出现。经过"民俗资源化"的传统海洋民俗将具有以下三个特征。第一，在于可再生产，因此"田横祭海节"在 2002 年以后在不改变其核心祭海仪式的前提下，每年都可以不断增添新的元素；第二，在于可消费，祭海节不仅是本地渔民表达祈愿的载体，也是外地观众进行精神消费的寄托，同时作为祭海节的重要组成部分——饮食旅游服务业等也为其提供了充分的物质消费；第三，在于可循环利用，同时可衍生和带动周边资源的开发利用。

也正是其"民俗资源"的属性，田横旅游度假区近年来将祭海节作为资源杠杆，撬动起整个地区文化和经济的发展。如周戈庄村委会一方面全力打造和挖掘祭海节的文化价值、经济价值，另一方面围绕祭海节，打造和开展"住渔乡民俗，吃北纬 36 海鲜，购田横特产，祈人生福愿，红红火火逛祭海盛典"① 系列主题节会活动，从重构祭海节存在的整体空间开始打造"海洋生态文化区"。

---

① 2017 年"中国·田横祭海节"节会主题。

四　结论

"田横祭海节"从产生至今，经历了从民间信仰到民俗资源的"民俗资源化"发展历程，尤其在入选国家非物质文化遗产后，成为拉动地域经济发展的重要资源之一。这种资源不同于其他矿物、水等自然资源，是不存在量的递减性的，却存在"质"和"值"的变化。因此如何做到保质、保值地传承、保护和利用成为所有类似于田横祭海节的民俗资源所面临的问题。

山东省即墨田横旅游度假区围绕祭海节展开一系列开发的做法为我们提供了一个思路，即将其视为"民俗资源"，同时以此来撬动周边资源的开发利用。同时在开发利用过程中，其"资源"属性的认知可以允许我们更加灵活、多样地在其外在形式及衍生的产业链上做出改变，也有利于将与祭海节相关的周边元素吸附进来，构成一个有机联系的整体，比如周戈庄古村落的建造、民俗博物馆的修建等都是以祭海节为圆心辐射到文化生态区建设中的成果。尽管发展到目前，田横祭海节由于其过度的表演性和商业性及政府运作，也有诸多不尽如人意的地方，但其体现出来的整体开发、区域发展的思路为我们对待海洋非物质文化遗产保护传承提供了借鉴。

中国海洋社会学研究

2018 年卷　总第 6 期

第 216～230 页

© SSAP，2018

"船承"与"智造"：论长岛木帆船
制造技艺的传承路径

徐霄健[*]

摘　要：长岛木帆船制造技艺经历了从"技艺"到"记忆"的功能转变，在现代社会中，其发展面临着不适应现代产业以及现代人的消费需求的困境。作为一种公共文化资源，长岛木帆船制造技艺如何在原有的价值基础上创造出现代产业的经济价值，是一个迫切需要解决的难题。基于文化消费理论，木帆船制造技艺未来传承与保护最主要的两个层面就是"船承"与"智造"。这两个层面能够激发木帆船制造技艺的象征性功能，使其能够最大限度地体现出时代价值。这两个层面相辅相成，互为条件。如果仅强调"船承"层面的发展会丧失木帆船制造的活力和发展潜力，这样不仅显示不出传承的意义，同时也体现不出传承的价值。另外，如果仅强调"智造"层面的发展，会使发展缺乏足够的内容支撑，只有为了发展而发展的空头口号。因此，在对木帆船制造技艺进行保护的时候，需要这两个层面协调并进，以此开拓长岛木帆船制造技艺保护与传承的新坐标、新方向，进而使其能够实现从现实的保护困境到发展目标质的飞跃。

关键词：长岛木帆船　制造技艺　传承路径

---

* 徐霄健，中国海洋大学法政学院社会学研究所硕士研究生，主要研究方向为海洋社会学。

随着木帆船制造技艺时代功能的转变，一方面，"船承"是为了更好地保留"记忆"，也就是体现出它的历史性象征功能，"智造"是为了更好地体现"技艺"在当前社会的时代价值。如何发掘木帆船制造的时代价值是对其进行保护与开发的根本任务，木帆船制造技艺的"船承""智造"的发展定位与从"技艺"到"记忆"的历史性功能转化的过程存在紧密联系。技艺本身的历史功能变迁的趋势能够使我们清楚地认识到木帆船制造技艺演变过程，现在许多非物质文化遗产相继被列入国家级非物质文化遗产，已经进入了新的时间和空间，非物质文化遗产入选名录的产生程序与机制是"一种公共文化的产生机制"，"（地方上的）个人活动就完成了向（国家）公共文化的转变，其中卷入了多种身份的当事人或利益相关者，表现为申报者、传承者、评判者（学术和政治的权威）和被代表者（中国、中国人）的复杂关系"。[①] 在"非遗"时代，长岛木帆船制造技艺作为一项非物质文化遗产应该传承什么、怎样传承、谁来传承、如何推广等这些都是值得去思考和解决的重要问题。[②] 木帆船制造技艺的时代价值是建立在现代人对木帆船"传统文化元素"需求的基础之上的，这种需求包括对木帆船"传统文化元素"的审美需求、体验需求、消费需求、展览需求等。这些方面的需求是木帆船制造技艺未来发展（"船承"与"智造"）的重点。现代社会人的消费欲望和需求是多元的，丰富多元的高科技产品走进人们的视野，得到了人们的喜爱，但传统的一些东西，由于满足不了现代人的消费欲望和生产生活节奏，而被淘汰或者改造。因此，如何充分利用好传统木帆船的文化元素，尤其是无形的非物质文化元素，使其创造更大的文化效益和经济效益，是我们当前迫切需要分析和研究的。

一 长岛木帆船制造技艺的保护与传承现状

至今，木帆船已伴随长岛居民走过了 350 多年的历史。至清末民初，随着渔场拓宽，渔具更新，木帆船制造的匠人发展到十几人，建造的大风船达 300 只，成为风帆时代海上的"一支劲旅"。在政府和民间力量的大力推

---

① 高丙中：《作为公共文化的非物质文化遗产》，《文艺研究》2008 年第 2 期。
② 史静：《非遗后时代的天津市河西区杨家庄永音法鼓老会调查》，《民间文化论坛》2012 年第 2 期。

动下，木帆船制造技艺的发展空间逐渐拓展，依托其文化根基在新时期崭露出新的姿态。

（一）有关政府部门对木帆船制造技艺保护的发力

文化产业的发展能够带来巨大的经济效益，为此，各地政府都纷纷挖掘地方的文化资源，通过文化资源来打造地方的文化名片。长岛木帆船制造技艺正式受到保护，最早是当地砣矶镇政府发布的相关信息：《长岛木帆船制造技艺》于 2009 年 9 月，被列入山东省第二批非物质文化遗产保护名录。此后，开始确立了第一批市级木帆船技艺的传承人。按照当地政府部门的通知要求，通过准备相关文字、音像资料，可以申报第三批省级非物质文化遗产项目代表性传承人。另外，根据烟台市文化广电新闻出版局（烟文广新〔2011〕84 号）《关于第三批省级非物质文化遗产项目代表性传承人的通知》精神，相关部门对《长岛木帆船制造技艺》的烟台市级传承人的各项条件进行了审核。目前对木帆船的保护仅有长岛县文化馆和烟台市文广新局在推动申报，发力的焦点也集中在对项目传承人的评估和审核等方面，在对相关技艺和制造成果的保护和传承等方面尚未制定出具体的措施和政策。此外，政府对木帆船制造技艺的产业研发给予的支持和帮助甚微。

（二）民间力量对木帆船制造技艺保护的三种形式

民间力量对木帆船制作技艺的保护相对来说比较薄弱，主要集中在传承人对木帆船制造技艺的保护和传承上，其保护的形式主要有三种。第一种是以参赛的形式进行保护，在参赛的过程中不仅扩大了其木帆船的知名度，而且还引起了外界人士对木帆船制造技艺的关注。例如，2005 年木帆船的传承人郑富有制作的船模，参加烟台市民间艺术展览；此外，造船工匠刘延安制作的大风船模型，参加了 2005 年烟台市旅游商品创新大赛；尤其是木帆船制造技艺传承人刘延安与儿子刘国朋参加亚欧旅游发展论坛展览会，在首届中国非物质文化遗产博览会传承人展示活动中首次将木帆船搬上世界的舞台，让很多外国人认识到了木帆船。第二种是民间力量对木帆船制造技艺进行市场开发，其中以传承人刘延安为代表的一些船匠制造了一批船模，同时还制造了"渔家乐 1 号"和"渔家乐 9 号"旅游观光船，供游客海上观光。产业化是对非物质文化遗产最好的保护与传承，木帆船制造技艺的传承人正是看到了制作技艺产业化的市场优势，才不断投入人力、物力、财力进行产业开发。这种形式是典型的自我筹资、自我发起式的民间性自发行为。第三种是多元化的木帆船的代际传承方式，木帆船制造技艺的传承方式打破了传统单一的祖传式的流传方式，而现在木帆船制造技艺形成了师徒传承、给游客讲解、进入校园等多元化的传承形式替代了原先家族式的传承形式。长岛木帆船制造技艺的这三种保护形式，一方面可以看到民间力量在非物质文化遗产保护上所做出的努力和贡献，另一方面也能够体现出传统民间制造技艺的确能够存在于现代社会中并延续下去的希望。

二 木帆船制造技艺传承的两个层面的解读：从现实到实现

进入现代社会，随着海洋实践的变迁，从事海洋渔业生产捕捞、养殖业的产业结构、人员结构等方面发生了结构性转变。木帆船制造技艺在时代变迁的过程中也经历了从"技艺"到"记忆"的功能性的转变。根据马克思的消费需求理论，木帆船制造技艺的历史性功能由原先满足人们生存性消费转变成后现代社会的炫耀性、享乐性消费。人类对文化的消费需求经历了从马克思所说的生存性消费需求到费瑟斯通所说的后现代消费文化需要的变迁过程。马克思认为，消费需要既受到自然因素的制约，又受到生存力的制约，"生产出消费的对象、消费的方式和消费的动力"①。费瑟斯通在对后现代消费文化的解构中提到，后现代社会中人们推崇的炫耀性和享乐性消费，"通过广告、大众传媒和商品展示陈列技巧，消费文化动摇了原来商品的使用价值和产品的意义的观念，并赋予其新的影响与记号，全面激发人们广泛的感觉和欲望，消费文化今后的趋势就是将文化推至社会生活的中心"②。现代社会中，木帆船不再是带动渔业产业发展的生产工具，木帆船制造技艺也不再是带动木帆船制造的"祖传秘方"，而是成为一种公共文化资源，被保护，被传承。在现代社会中，人们根据自己的消费文化

---

① 《马克思恩格斯选集》第 2 卷，人民出版社，1972，第 95 页。
② 〔英〕迈克·费瑟斯通：《消费文化与后现代主义》，刘精明译，译林出版社，2000，第 166 页。

需求有选择性地保留那些对他们来说有价值的文化元素，与此同时，也在有选择性地淘汰那些不符合人类消费需求的东西。木帆船制造技艺的时代功能变迁是一个被选择或者是被适应的过程，其时代价值（文化价值、经济价值等）是被选择时最主要的考量指标（见图 1）。因此，对木帆船制造技艺的保护需要从"船承"与"智造"两个层面去寻找其生存生产的发展空间与发展方向。"船承"与"智造"是一个过程的两个方面，它们同属于木帆船制造技艺的发展过程，但"船承"是为了更好地"智造"，"智造"是为了更好地"船承"，二者互为发展的条件，相互影响，相互补充。在现代社会中，木帆船制造技艺发展的这两个层面能够最大限度地有效发掘、塑造其文化价值，并充分发挥其产业价值，最终能够使其在面临生存、保护、发展等方面的危机现实情况中，去实现其传承与保护的双重目的。

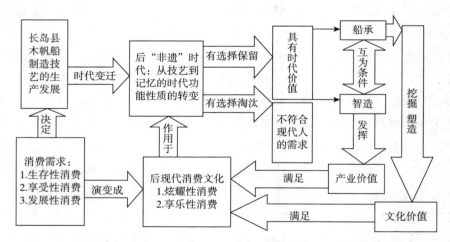

图 1　"非遗"时代木帆船制造技艺发展的两个层面之间的逻辑关系框架

三　木帆船制造技艺的开发困境与保护难题

传统的木帆船制造技艺本身的文化形式对外部环境有较高的依存度，其生存、传承能力相对薄弱，再加上现代化、工业化、城镇化进程的加快也对传统的文化形式产生强大的冲击，而我们对传统文化形式的保护无论是制度层面还是操作层面均严重缺失，致使有些优秀的传统文化形式已经或正在走向失落。① 木帆船制造技艺作为传统的文化元素，在现代大机械化大生产的背景下很难得到进一步拓展其生存与发展的空间，由于其不能适应新时期人们的生产发展需求，所以往往会导致其发生功能价值的转化。政府部门的保护措施是有限的，而现代人的利益需求是无限的，因此这种发展与需求之间的矛盾会对木帆船制造技艺本身的有效保护造成制约。为此，如何激发和利用传统文化元素来满足现代人的利益需求已经成为解决其保护与传承问题的关键。

（一）生产作坊小导致其自身发展缺乏"土壤"

生产空间的缺乏限制了长岛木帆船制造的产业化、规模化和扩大化的生产，木帆船的制造需要有充足的生产空间，一方面，制造一所木帆船所需的生产工具、生产材料等基本的配套设施需要充足的空间去存放，尤其是造大船。由于木帆船占据的空间范围较大，因此传统社会里制造一艘大型的木帆船一般是在室外场地进行，狭小的室内生产场地满足不了大规模的生产需要。另一方面，木帆船自身的生存空间取决于其适应的生存范围。首先，现在木帆船自身的制造成本就很高，而且面向的消费群体较少，再加上一部分租金成本，这就使很多传承人不愿意从事木帆船制造和生产类行业。其次，较少的利润收益再加上没有政府提供的生产风险的担保，使很多传承人和投资商担心过多的投资会导致资金难以回笼，因此他们不敢进行大规模的批量生产。狭小的生产空间使木帆船的制造技艺失去了发挥其产业价值的生存"土壤"，导致始终缺乏足够的活力和发展潜力，其生产作坊的大小和交纳租金的多少在很大程度上直接决定了民间力量是否愿意从事木帆船的制造行业，并关系到木帆船制造技艺的传承与延续。

（二）传承主体减少导致其生存发展存在"危机"

在从事非物质文化遗产保护工作之前，我们必须清醒地认识一个基本事实：在非物质文化遗产传承过程中，会接触到两个主体，一个是非物质文化遗产传承主体，另一个是非物质文化遗产保护主体。所谓"传承主

---

① 杨志芳：《从文化生态视角探讨非遗保护问题》，《学术交流》2014 年第 4 期。

体"，是指我们通常所说的非物质文化遗产传承人。① 然而，当前我国对非物质文化遗产的保护以公法为主，私法保护不足，传承主体权利保护缺失，社会地位较低，被排除于非物质文化遗产开发的利益分享之外，造成了后继无人、文化变味等保护困境，最终导致对非物质文化遗产的破坏。② 长岛木帆船制作技艺传承的危机在很大程度上取决于传承主体，传承主体的缺失会导致技艺无法传承下去，没有后人了解该项技艺。现在木帆船制造技艺的传承人较少，而且他们的年龄大约为 60 岁，其子女基本不从事木帆船制造的手工制作行业。此外，现在的年轻人缺乏主动去参与学习木帆船制造的积极性，再加上木帆船制造本身是苦力活，赚钱又少，从事该类工作需要工作人员有相当的体力、精力、耐力等职业素质和技能。由于工作比较辛苦，工作环境差，现在很多年轻人承受不了这样的工作压力，因此难以形成职业化的发展道路。另外，政府部门给予传承人的补助金以及技艺接班人的培训费得不到传承人的认可，使木帆船制造技艺的传承人不断减少。农村聚落及其人际关系的历史性变革，外来文化的强力影响，现代生活方式和生活观念的变化以及传承者老龄化、传承后继乏人造成了"非遗"的整体衰微趋势。③ 在木帆船制造技艺保护与开发时，政府部门与传承人之间没有形成相互合作的信任机制。传统村落的消失，造成渔村变成空巢；再加上经济利益的驱动造成民间文化传承断裂，传承人所创作的产品产生了文化上的变异；长期以来重经济、轻文化的观念，致使传承人在当地社会发展中仍旧处于弱势地位。因此，很多传承人逐渐转产转业，木帆船制造技艺也就面临着后继无人的生存发展"危机"。

（三）传承意识淡薄导致其文化自觉处于"被动"

随着经济的全球化和市场化对文化的渗透，中国文化遗产生存环境渐趋恶化，保护现状堪忧，传统手工艺等以及与此相关的文化空间越来越逼仄。保护非物质文化遗产的主要任务并不在于"申遗"方面，而在于我们是否具有强烈的民族文化保护和传承的自觉意识和危机意识，是否珍爱、尊重祖先传下来的精神财富，是否具有弘扬和传承民族文化的高度热忱。

---

① 苑利：《非遗保护传承主体与保护主体应各司其职》，《中国民族报》2010 年第 3 期。
② 张琪：《非物质文化遗产传承主体权利保护问题研究》，《云南大学》2015 年第 9 期。
③ 刘锡诚：《我国"非遗"保护的若干理论问题》，《民间文化论坛》2012 年第 3 期。

由于代表性的传承人一旦被认定，其原来所属的那个团体的传承，就转变成个体的传承，这种单线传承有一个很大的问题，就是特别脆弱，成败存亡实际上系在一个人身上，这是一个很大的问题。① 传承人传承意识的淡薄会导致其文化自觉"受阻"，这在很大程度上是个体传承意识的脆弱性导致的后果，"非遗"的代表性传承人与非代表性传承人在受到政府的财政补贴、保障等待遇方面是存在差异的，很显然，被确定为代表性传承人的待遇要明显好于非代表性传承人。② 由于技艺作为当地的文化"明信片"在资金的融资、贷款、筹资、补贴等方面获得便利和优惠，所以，政府财政补贴方面的差异会导致传承主体之间彼此存在心理不平等、不情愿的情绪，很多懂得木帆船制造技艺的传承人由于没有受到政府的重视，享受到同样的待遇，因此，这一部分人会转产转业，不再从事与木帆船相关的保护工作。另外，即便是代表性传承人，他们的传承意识也变得淡薄，并带有明显的功利性目的，很难形成自我主动传承与保护的文化自觉的意识。"非遗"时代很多传承人的传承意识和思维观念已经严重偏离了其"非遗"申报时的传承初衷。他们其实并没有真正地认识到，"非遗"不是个人专属的"私有财产"，而是我们祖先遗留下来共同享有的"文化瑰宝"。

（四）资金投入不足不全导致市场开发"缺氧"

通过调查访谈以及查阅相关的文献资料了解到，目前长岛县非物质文化遗产保护专项经费，分为四个层面，包括：中央专项支付经费、省级专项经费、市级专项经费、县级专项经费。其经费的使用范围主要包括：项目保护、传承人、普查设备、机构建设、硬件建设、出版物、其他方面。根据调查到的相关材料发现，在传承人以及机构建设的经费使用方面是欠缺的，中央和市级层面的专项支付经费在这些使用范围内也没有足够的资金投入。通过调查得知，目前长岛县所有"非遗"保护项目几乎无固定的经济来源。木帆船制造技艺的专项保护经费约占省级所有保护项目专项经费的十分之一。木帆船的专项保护经费的经济来源渠道比较单一，其中，国有企业以及民意企业的资金数额的投入几乎为零。从木帆船制造技艺的

---

① 冯骥才：《非遗后时代：传承仍然让人充满忧虑》，《中国艺术报》2013 年第 1 期。
② 刘铁梁：《中国民俗文化志（北京·门头沟卷）》，中央编译出版社，2006，第 239 页。

保护与开发方面来看，教学培训费、作坊扩建费、博物展览馆建设费、宣传教育费等都需要大量资金的支持。就目前每人每年 6000 元的专项"非遗"保护经费补助，难以支撑木帆船制造进一步扩大再生产，进而也难以使其得到有效的保护与传承。资金投入不足导致木帆船制造技艺的市场开发"缺氧"，进而难以得到有效的"船承"与"智造"。

（五）文化政绩化现象导致其传承滞留"表层"

不少政府对文化遗产的意义不明，不承担对"非遗"的管理和帮助，主要是由于官员的文化政绩化。文化政绩化和文化商业化是"非遗"传承的两个最致命的问题。[①] 在对木帆船制造技艺进行保护的过程中，当地政府无意识地把"木帆船制造技艺"作为一种文化资源，本着"做大、做强"的目的，基本上成为有关政府部门获得政绩和打造地方多元文化名片的"底牌"。政府职能部门在"非遗"工作中的常见误区，是将"非遗"与政绩结合在一起，并最终把"非遗"项目与地方经济发展、商业化经营挂钩，以推动地方 GDP 的增长。[②] 反观十年来非物质文化遗产的保护进程，经济指标几乎成为唯一的考量因素。简而言之，着力点没有放在如何将非物质文化遗产传承弘扬上，而是更多地去关注怎样才能带来更多的经济效益，怎样才能够对各方（政府、商家、传承人乃至专家学者）更为有用。[③] 此外，木帆船制造技艺申遗的工作普遍存在反复申报、浅层次保护的问题，有关政府部门在申报"木帆船制造技艺非遗"的过程中充斥着利益相关群体之间的利益博弈，这不利于地方文化资源的整合。政府单纯的基于文化政绩化的文化保护行为和文化发展理念一旦被利益驱动，文化事象就会变质，说到底政府文化政绩化下的非物质文化遗产的发展不是一个单纯的文化保护行为，它还牵涉到政治、经济等多方面的利益。文化政绩化现象导致了木帆船制造技艺在传承过程中长期只注重"表层"的工作，在传承主体、传承对象、生产作坊、传承意识、市场开发、资金投入等方面存在欠缺。木帆船制造技艺的申遗成功之后，一方面，申遗带来的政治、经济效益，

① 冯骥才：《非遗后时代：传承仍然让人充满忧虑》，《中国艺术报》2013 年第 1 期。
② 李莘：《问题的核心在于"人"——对"非遗"保护传承问题的思考》，《北京舞蹈学院学报》2015 年第 5 期。
③ 张洋：《"非遗后"时代传承人的定位思考》，《河南财经政法大学学报》2015 年第 3 期。

能够带动地方的 GDP，成为打造地方文化名片、提高自身的政绩的"法宝"。另一方面，政府又面临对"非遗"项目的管理、资金的投入、保护等问题，使其容易享受申遗带来的政治经济效益，而忽视了对其保护和传承，这就容易就造成政府对木帆船制造技艺（主体、对象）的传承与保护仅仅滞留在"表层"。

四 木帆船制造技艺"船承"与"智造"的实践操作

手工技艺类非物质文化遗产是能够生产具体物品的一种非物质文化遗产。其经济价值的开发方式，较之其他类型的非物质文化遗产，具有更直接、更丰富、更灵活的特点。① 经济价值的市场开发直接决定了木帆船制造技艺能够影响多深，能够传承多久，文化价值的开发能够为木帆船制造技艺的经济价值的市场开发提供文化营养。"船承"是为了更好地"智造"，"智造"是为了更好地"船承"，二者相辅相成、相互影响。传统技艺类非物质文化遗产比较合理的办法就是将传统技艺类非物质文化遗产予以现代化转型，通过采取发展相关文化产业、搞好保护性旅游开发、培植和拓展公共文化空间、加大保护的扶持力度等措施，实现对传统技艺类非物质文化遗产最有利的保护。②

（一）"船承"层面

1. 坚持内容为王与品牌至上的发展理念

消费的前提是必须成为符号，符号体现了物品消费中的人际关系以及差异性。③ 因此，木帆船制造技艺在现代社会里的符号象征的功能性可以被充分地转化为"品牌符号"，以增加其可消费的合理性。在这里，"船承"层面更强调的是我们应该如何把该项技艺更好地继承、传承下去，其中文化内涵的提升是传承的根本。品牌的塑造能够为"智造"产业链的拓展提

① 张广宇：《浅探手工技艺类非物质文化遗产经济价值开发模式》，《中国外资》2013 年第281 期。
② 邓江凌：《传统技艺类非物质文化遗产的现代化转型研究》，《文化遗产》2013 年第 4 期。
③ 杨魁、董雅丽：《消费文化理论研究——基于全球化的视野和历史的维度》，人民出版社，2013，第 11 页。

供充足的条件。现在很多"非遗"项目纷纷通过各种手段挖掘或者塑造自己的"文化知名度"，尤其是技艺类的"非遗"项目。在对木帆船进行市场开发时，可以把长岛人的闯海精神融入木帆船的商业产品中，以采用名人代言或者政府包装的方式更好地打造木帆船制造技艺的文化知名度，最终形成受众广、可信赖的文化品牌。如果以保护为手段、以追逐商业利益为目的，不但违背了"非遗"保护工作的初衷，也违背了《非物质文化遗产保护法》。因此，木帆船制造技艺最好的传承方式就是对其内在文化价值的挖掘和提炼，并把这种文化价值融入文化产品中，形成具有较强影响力的文化品牌。

2. 增强传承意识与产权维护的保护观念

目前，长岛木帆船制造技艺的传承人没有形成足够深刻的传承和保护意识，使木帆船制造技艺的传承面临后继无人的潜在危机。增强传承意识是"船承"的首要任务。意识是心理学上的概念，对木帆船制造技艺的传承意识就是指传承人能够形成自觉、主动的传承认知感和危机感，并能够通过自我力量或者借助外界的力量将保护意识体现在具体行动上，例如，宣传木帆船制造，倡导木帆船制造，培养未来的接班人。另外，木帆船制造技艺一旦成为商业化的生产工具，就会面临另外一个问题，就是知识产权维护，现在很多文化资源被商人胡乱打造成各种文化产品，使其丰富的文化价值完全流失，只有其经济价值上的消费目的，没有达到其文化价值的传承目的。因此，木帆船制造技艺的产权维护就是要求政府和企业尊重木帆船制造的传统文化价值，不要形成对技艺的盗取、乱用、无效的文化产品生产。目前，知识产权滥用现象主要表现为权利的绝对性、权利的相对性以及以程序性权利为基础的三大类型；对其具体行为加以界定及判断，又因各国及其不同时期的知识产权政策或反垄断政策之不同，而各有不同。① 因此，传统技艺在与市场融合的同时，做好木帆船制造技艺的产权或者专利的维护，要做到防止出现"非纯手工""粗制滥造"等文化品牌市场信誉的问题。

3. 寻找和培养新的继承人，建立新的传承机制

积极寻找和培养新的传承人，建立新的传承机制就是要加强专业团队

---

① 易继明：《禁止权利滥用原则在知识产权领域中的适用》，《中国法学》2013 年第 4 期。

建设，增强文化传承的导向性，专业机构和队伍建设是非物质文化遗产保护工作的关键环节。面对木帆船制造技艺传承人的普遍"高龄化"、后继乏人和缺乏基本保障等问题，坚强专业机构和队伍建设不可缺少，只有让民间技艺大师走出尴尬境地，培养一大批具有专业素养和工作能力的从业人员，才能让保护工作落到实处。通过加强文化理念的教育与引导，增强公民对文化保护的自觉性。木帆船制造技艺不仅是长岛地方性文化的瑰宝，同时还是我们整个民族的文化财富。非物质文化遗产能否真正得到传承与弘扬，关键在于人民群众是否具有传承与弘扬的热情以及自觉主动性。寻找新一代木帆船制造技艺的接班人，并形成新的传承机制显得尤为重要。接班人或是继承人的培养需要有大量资金的投入，政府可以通过给予足够的补助金（包括培养时的住宿费、伙食费、交通费用等），鼓励年轻人或者木帆船的爱好者参与木帆船技艺的传承工作。

4. 拓展文化空间和文化内涵的深层价值

木帆船文化空间的拓展可以嵌入当地渔民号子的表演中去，因为渔民号子起源于风帆时代，在一定意义上是木帆船制造技艺的间接产物，因此，基于现代渔民号子表演的文化元素的需要，木帆船成为他们演出时的必备道具，当地政府可以在定期举办渔民号子表演的时候提升向外拓展木帆船制造技艺的影响力，并将其上升到宣传当地文化的主要象征符号的高度。文化的存在必然以一定的生存环境为根基，在特定群体、特定文化空间中动态传承。所谓"文化空间"，是指人们的特定活动方式的空间和共同的文化氛围，即定期举办传统文化活动或集中展演传统文化表现形式的场所，兼具空间性、时间性和文化性。① 此外，消费文化所表征的是人们被刺激起来的消费欲望，而欲望满足的意识必须在一定的文化价值系统中才能获得合法性。② 拓展文化空间和文化内涵的内在价值需要与宣传、教育相结合。宣传教育的目的在于得到更广泛群体对保护文化遗产以及传统文化形式在认识上的共识，没有广泛的共识这一前提，任何政策、法规的执行都会大打折扣。③ 对木帆船制造技艺进行宣传时，可以通过现代网络新媒体的手

---

① 吴安新、邓江凌：《发达国家对我国非物质文化资源掠取措施与对策研究》，《兰州学刊》2010 年第 1 期。

② 〔法〕让·鲍德里亚：《消费社会》，刘成富、全志刚译，南京大学出版社，2000，第 25 页。

③ 杨志芳：《从文化生态视角探讨非遗保护问题》，《学术交流》2014 年第 4 期。

段，以更丰富、更全面的文化内容体现木帆船制造技艺的高超精湛的手艺。此外，还可以充分利用微信公众号、网络直播间、百度贴吧、微博等现代信息的传播渠道去宣传和展示木帆船制造技艺。当代社会的文化产业竞争以文化资源的争夺为表征，而文化资源主要来自历史文化的长期积累。① 因此，对木帆船制造技艺历史文化内涵以及文化空间的拓展与挖掘显得愈发重要。

（二）"智造"层面

1. 挖掘可消费的文化价值以寻找新的消费市场

在对传统手工技艺类非物质文化遗产进行产品开发的过程中，要立足外部和内部两个方面的整合。针对产品内部，首先要处理好产品的文化性、产品性、艺术性三个方面的关系。② 现代人对手工类文化产品的做工、用料要求越来越高，木帆船制造技艺的特性要求其只能在手工木机制作和严格精细的图案设计基础上才能体现出其文化艺术的内在价值。根据现代人的审美和实用性的消费需要，在进行客运船、船模制作或者其他艺术产品制作的时候要做好充分的市场调研，及时了解消费者对该类产品在构造设计、颜色、价格、用料等方面的选择和需求，根据消费者的生产生活需要生产符合消费者需要的文化产品。在一些博物馆尽量摆放原汁原味的木帆船船模，以保留纯技艺制造的历史原貌。在一些民俗生态园区、工业生态园区、文化创意园区等地方可以对木帆船制造技艺及其实物进行数字化记录，配以智能设备，以体验其审美趣味，并遵循产品精品化、专业化的原则进行生产。

2. 积极鼓励社会各界精英群体协同创新与保护

很多专家表示，无论是政府、商界还是专家学者，都应该以适当的身份参与到文化遗产保护工作当中。这其中，政府的定位是统筹管理，学术界是科学指导，而商界则是在科学保护基础之上进行适度参与。但如果政府、学界、商界，任何一方过度参与就可能会对非物质文化遗产的自主传承造成不必要的伤害。尤其是在现代社会，缺乏相关的木帆船保护与开发

---

① 柳倩月：《文化资源的转移与发展"非遗"产业之启示——以竹枝歌和五句子的流变为例》，《重庆文理学院学报》（社会科学版）2016 年第 1 期。

② 肖锋：《非物质文化遗产的保护与产业研发》，人民日报出版社，2016，第 118 页。

的专业理论指导，木帆船制造技艺的保护工作就会流于表面甚至失去方向。相关的当地专家学者要在抢救长岛木帆船制造技艺这项非物质文化遗产中勇于承担责任，走进民间并帮助技艺传承人树立正确的传承意识，这也是专家学者的时代历史担当。木帆船制造技艺虽然是百姓在生产生活中创造的一种民间文化，但要从文化的高度认识，以精英的眼光挑选，才能去芜存菁，找出真正有保护价值的珍品。政府和企业家要积极树立正确的市场开发意识，提高责任意识。政府、专家、企业家在木帆船制造技艺的专项资金的支出、工作坊空间的扩展、产权保护机制的建立、市场开发的方式等方面可以通过相互协商达成共识，从而制定出科学合理的保护政策。著名民俗专家乌丙安在谈到非物质文化遗产项目认定时说："很多项目都涉及民间信仰以及历史评价的问题，这个问题最敏感，我们在制定政策的过程中一遇到这些问题，我们的决定就很难作出。"[①] 因此，木帆船制造技艺的保护不是单纯政府部门保护工作的事情，还需要各种社会力量的共同参与。另外，相关的专家应该主动帮助政府制定科学合理的保护性建议，并确定具体的保护范围、评估标准和方法，以避免保护工作陷入误区。政治精英、专家系统、商业精英的介入可以使木帆船制造技艺形成强大的团队保护空间，能够使其得到较快的发展。

3. 进一步拓展文化产品的创新机制

现代化社会文化的创新面临文化上的自傲与自卑、文化交杂与文化进步、文化基因突变与遗传等复杂的发展困境。[②] 在现代化社会里，面对复杂的文化发展环境，木帆船制造技艺的"非物质性"最终需要以"物质性"为载体展现出来，所以对于这类非物质文化遗产，首先需要走技艺的物质化产品开发的道路，使这类文化遗产不仅作为古董和收藏被固态保护，还可以激活整个"生产—开发—保护—再生产"的产业链条。[③] 充分利用这种存留于人民生活生产中、饱含着劳动人民聪明才智和审美情趣的文化形态，使其能够在新时期实现由文化遗产到文化资本的转化。木帆船制造技艺可以通过走生产性的发展道路，用生产来带动保护，提高人们的保护与传承

---

① 乌丙安：《非物质文化遗产保护的科学管理及操作规程》，载《非物质文化遗产保护国际学术研讨会（2004）论文集》，文化艺术出版社，2005，第11~12页。
② 郭绍明：《文化遗传论》，中国书籍出版社，2010，第9页。
③ 肖锋：《非物质文化遗产的保护与产业研发》，人民日报出版社，2016，第117页。

意识。因此，木帆船制造技艺要根据不同的生产需求、生产条件，生产出不同类别的文化产品，使其具有更高的经济价值，避免重复生产。

五 小结

总之，长岛木帆船制造技艺的传承与保护是以它的消费市场与文化内涵的挖掘为导向的，在"非遗"时代，木帆船制造技艺针对不适应现代产业的生产发展需求，通过立足于其传统文化价值和历史底蕴，积极寻找新的消费市场和消费群体，以形成一种新时期的生产发展的"适应策略"，从而塑造出新的时代价值并呈现在世人面前，这是对木帆船制造技艺最好的保护方式。长岛木帆船制造技艺作为一个时代的历史产物，通过立足于"船承"与"智造"这两个发展层面，不仅能够迎合现代人们的消费需求，还能够带动相关产业发展，创造出更多的经济、文化效益，使其文化内涵在传承和制造的发展过程中不断被人们所认同、接受。这两个层面既能够保护木帆船制造技艺的艺术形式，也能够保护它生存发展的历史土壤。我们在进行"船承"的时候一定要正确认识"非遗"的文化价值及其内在精神内涵，树立正确的社会传播导向，要以抢救为主，慎谈发展。在进行"智造"的时候，要避免把木帆船制造技艺作为撬动经济资源的法宝去过分地追求利润最大化，如果用机器压制、批量生产，就会使木帆船制造的手工性发生质变。"船承"与"智造"这两个层面可以很好地找到契合点，进而能够解决传统"非遗"保护与产业化开发二元对立的矛盾，如果能够充分做好这两个层面的生产性保护工作，对其传承与保护的双赢目的在现代社会里也不难实现。

征稿启事与投稿须知

一 征稿启事

《中国海洋社会学研究》是由中国社会学海洋社会学专业委员会主办、中国海洋大学社会学研究所承办的学术集刊，每年出版一卷，致力于中国海洋社会学的学科建设，反映中国海洋社会学界的动态。为此，本集刊力图发表海洋社会发展与变迁、海洋群体、渔村社会、海洋生态、海洋文化、海洋意识、海洋教育、海洋管理等相关领域的高水平论文，介绍和翻译国内外海洋社会研究的优秀成果。诚挚欢迎国内外学者踊跃投稿。

《中国海洋社会学研究》由社会科学文献出版社公开出版。为保证学术水准，《中国海洋社会学研究》采取编委会匿名评审的审稿方式。作者应保证对其作品具有著作权并不侵犯其他个人或组织的著作权。译者应保证译作未侵犯原作者或出版机构的任何可能的权力。来稿须同一语言下未事先在任何纸质或电子媒介上正式发表。中文以外的其他语言之翻译稿，须按要求同时邮寄全部或部分原文稿，并附作者或出版者的书面（包括E-mail）的翻译授权许可。

任何来稿视为作者、译者已经阅读或知悉并同意本启事的规定。编辑部将在接获来稿一个月内向作者发出稿件处理通知，其间欢迎作者向编辑部查询。

二 投稿须知

1. 《中国海洋社会学研究》全年接受投稿，并于每年7月出版。
2. 论文字数一般为6000～18000字（优秀稿件原则上不限字数）。

3. 投稿须遵循学术规范，文责自负。

4. 来稿论文的正文之前请附中文摘要（200～400 字）、关键词（3～5 个）。请在文档首页以页下注的形式附作者简介〔示例：李四（1967～　），男，山东青岛人，中国海洋大学法政学院教授，主要研究方向为海洋社会学〕。若所投稿件为作者承担的科研基金项目成果，请注明项目来源、名称、项目编号。

5. 参考文献及文中注释均采用脚注。每页重新编号，注码号为①②③……依次排列。多个注释引自同一资料者，分别出注。

6. 本刊暂不设稿酬，来稿一经采用刊登，作者将获赠该辑书刊 2 册。

7. 来稿请直接通过电子邮件方式投寄，电子稿请存为 Word 文档并使用附件发送。

电子信箱：hyshehuixue@126.com

通信地址：山东省青岛市崂山区松岭路 238 号
　　　　　中国海洋大学法政学院社会学研究所

图书在版编目（CIP）数据

中国海洋社会学研究. 2018 年卷：总第 6 期 / 崔凤主编. -- 北京：社会科学文献出版社，2018.6
ISBN 978 - 7 - 5201 - 2792 - 9

Ⅰ.①中… Ⅱ.①崔… Ⅲ.①海洋学 - 社会学 - 中国 - 文集 Ⅳ.①P7 - 05

中国版本图书馆 CIP 数据核字（2018）第 103615 号

中国海洋社会学研究（2018 年卷　总第 6 期）

主　　编 / 崔　凤

出 版 人 / 谢寿光
项目统筹 / 佟英磊
责任编辑 / 杨　阳　孙连芹

出　　版 / 社会科学文献出版社·社会学出版中心（010）59367159
　　　　　　地址：北京市北三环中路甲 29 号院华龙大厦　邮编：100029
　　　　　　网址：www. ssap. com. cn
发　　行 / 市场营销中心（010）59367081　59367018
印　　装 / 天津千鹤文化传播有限公司

规　　格 / 开　本：787mm × 1092mm　1/16
　　　　　　印　张：15.25　字　数：243 千字
版　　次 / 2018 年 6 月第 1 版　2018 年 6 月第 1 次印刷
书　　号 / ISBN 978 - 7 - 5201 - 2792 - 9
定　　价 / 69.00 元

本书如有印装质量问题，请与读者服务中心（010 - 59367028）联系